科普通鉴

5 生命溯源

丛书主编 李建中

丛书副主编 谈朗玉 李大东 张令朝

本卷主编 张 静

KEPU TONGJIAN

SHENGMING SUYUAN

中国科学技术出版社

河南科学技术出版社

图书在版编目（CIP）数据

生命溯源/张静主编．—郑州：河南科学技术出版社，2013.10
（科普通鉴/李建中主编）
ISBN 978-7-5349-6490-9

Ⅰ.①生…　Ⅱ.①张…　Ⅲ.①生命起源-普及读物　Ⅳ.①Q10-49

中国版本图书馆 CIP 数据核字（2013）第 227518 号

出版发行：中国科学技术出版社
地址：北京市海淀区中关村南大街 16 号　　邮编：100081
电话：（010）62106522
网址：www.cspbooks.com.cn
河南科学技术出版社
地址：郑州市经五路 66 号　　邮编：450002
电话：（0371）65737028
网址：www.hnstp.cn
策划编辑：李喜婷　冯　英
统筹编辑：尚伟民　蒋云鹏　徐　涛
责任编辑：梁　娟
责任校对：吴贯一　许　静
封面设计：赵　钧
版式设计：赵玉霞
责任印制：朱　飞
印　　刷：郑州金秋彩色印务有限公司
经　　销：全国新华书店
幅面尺寸：185 mm×260 mm　　印张：13.75　　字数：227 千字
版　　次：2013 年 10 月第 1 版　　2013 年 10 月第 1 次印刷
定　　价：32.00 元

《科普通鉴》丛书

主　编　李建中

副主编　谈朗玉　李大东　张令朝

序

科技是人类智慧的伟大结晶，创新是文明进步的不竭动力。

回首文明历程，是科技之光涤荡了人类历史上蒙昧的阴霾，是科技之火点燃了人类心灵里求知的火焰，是科技之灯照亮了人类发展中光辉的前程。科学技术的每一次重大突破，每一项发明创造的诞生，都使人类对客观世界的认识发生质的飞跃，都使人类改造世界的能力得到革命性的提升。18 世纪后的几百年，是科学技术突飞猛进的历史时期。数学、物理、化学、天文学、地学和生物学等各个领域的研究均取得了空前成就，并引发了一次又一次重大理论革命，其中，最具划时代意义的莫过于牛顿力学、相对论和量子力学的创立。与此同时，深刻改变人类生存状态和生产、生活方式的发明创造也纷纷问世。在不计其数的发明、发现中，蒸汽机、电话、火车、汽车、医用 X 光片、青霉素、DNA 双螺旋结构、火箭、阿波罗 10 号太空舱、计算机等无疑是改变世界的重大发明、发现与创造。

放眼新的世纪，科技已经成为推动经济社会快速发展的主导力量和创造社会财富的主要源泉，成为国家间、区域间竞争的核心和推动未来发展的决定性力量。为了在竞争中取得优势地位，各国、各地区，特别是发达国家及地区都高度重视科技创新和发展。在此背景下，全球创新浪潮此起彼伏，科技发展日新月异，创新成果大量涌现。人类基因组序列图完成、细胞重新编程技术、人类最早祖先确定、宇宙存在暗物质的猜想被证实、干细胞研究的新进展、纳米技术研究的新突破、欧洲强子对撞机启动、人类探测器创最远纪录和七大数学难题之一——庞加莱猜想被证明等被认为是近十年来取得的最具科学价值，并可能对人类生存与发展产生重大影响的重大科技成就。

在人类文明的历史长河中，科学技术虽然得到了空前发展，取得了辉煌成就，但在前进的道路上依然有无数难题等待我们去破解，众多未知世界等待我们去认识。随着人口数量的急剧增加，自然资源的逐渐枯竭和生态环境的日益恶化，人类正面临前所未有的生存挑战和危机。毫无疑问，应对挑战、解决危机，只有依靠科技的不断创新与发展。在可以预见的未来，为了拓展生存空间，提高生存质量，必将掀起一场以信息科技革命为先导、新材料科技为基础、生命科技为核心、新能源科技为动力、海洋科技和航天科技为内拓和外延的新的科技创新浪潮。伴随新一轮科技创新浪潮的到来，新的发明创造也必将与日俱增。有科学家预言，未来百年，人体器官克隆再造、灭绝动物复活、战胜癌症、建造星际飞船和太空电梯等梦想可能变为现实。

当前，亿万中华儿女正在为实现中华民族伟大复兴的“中国梦”而努力奋斗。实现这一百年梦想，关键在于弘扬创新精神，增强创新能力，加快创新步伐，让科技之花在创新中萌芽，在创新中成长，在创新中绽放。

发达国家的经验昭示我们，加快科技创新，提高科技水平，既要依靠科技精英们的刻苦攻关，发明创造，也有赖于公民科学素质的普遍提高。有调查显示，我国公民的科学素质水平较发达国家差距甚大，与走中国特色的自主创新之路、建设创新型国家的要求相去甚远。为尽快提升我国公民的科学素质水平，从2006年起我国启动了旨在推动公民科学素质建设的全民科学素质行动计划，希望到2020年，公民科学素质在整体上有大幅度提高，达到世界主要发达国家21世纪初的水平。

科普图书是展示科学技术的重要窗口，是普及科技知识的重要载体，也是传播科技文明的重要途径。国内外都十分重视科普图书的创作出版。在琳琅满目的科普图书作品中，不乏影响深远的精品力作。这些作品为传播科技文明、普及科学知识做出了历史性贡献。时代在进步，科技在发展。紧跟时代步伐，把握科技动态，繁荣科普创作，不断创作出版符合时代特点、反映当代科技发展水平的科普图书精品，不仅是加强公民科学素质建设，提升公民科学素质的迫切要求，也是科技界有识之士的共同心声。

科学技术协会是新中国科普事业的主要开创者和推动者。在开展公民科学素质建设，提高公民科学素质水平的历史进程中，肩负着重要责任和神圣使命。我们组织编写的这部《科普通鉴》丛书既是履行“责任”和“使命”，也是对科技界有识之士呼声的积极响应。

20世纪中叶以来，科学技术进入了多科交叉、互为渗透、综合发展的历史时期，形成了学科林立、知识纷繁的新格局。面对浩如烟海的科学世界，如何确定这部书的编写原则和选题范围是应当首先解决的问题。经与有关专家学者反复研究论证，我们确定了“通览科技文明，鉴取创新精粹”的编写原则，并确定从理、工、农、医和高新科技五大领域中选取26个公众关注度较高的热点选题，按26卷组织编写这部丛书。

面向具有中等以上文化程度的青少年、农民、城镇劳动者、城市社区居民、领导干部和公务员等重点人群，弘扬科学精神，传播科学思想，倡导科学方法，普及科学知识是编写本书的出发点和根本目的。考虑到读者对象年龄、职业、身份的多样性和对知识需求的差异性，本书着重介绍具有基础性、通用性、新颖性和前瞻性的知识，读者可以根据自己的需求或兴趣进行阅读；在阐述方法上尽可能做到重点突出，脉络清晰，尽可能融入人文精神，体现人文情怀，避免科技知识的简单介绍和罗列；在语言风格上力求文笔流畅，深入浅出，生动活泼，雅俗共赏，以达引人入胜的效果。

选择高水平的主编是编好这部丛书的关键。为此，我们发挥科学技术协会学会众多，学科齐全，人才荟萃，联系广泛的优势，面向省内外征集各卷主编候选人。最后经全面比较，优中选优，确定了各卷主编人选，为本书的编写出版奠定了坚实基础。在此我们谨向为本书主编遴选、编写、出版给予大力支持的河南省医学会、气象学会、农学会、地理学会、地震学会、地质学会、机械工程学会、反邪教协会和省气象局、郑州大学、河南大学、河南农业大学、河南工业大学、河南科技大学、河南中医学院、河南科技学院、河南轻工业学院、《太空探索》杂志社、河南科技报社、河南科技活动中心、中国科学技术出版社、河南科学技术出版社等学（协）会和单位表示诚挚的感谢！

作为一部多达26卷的大型科普丛书，其涉及领域广，学科多。在内容上为了尽可能避免交叉重复或矛盾冲突，在体例和语言风格上为了尽可能保持相对统一，我们制订了较为详细的编写方案，对各卷的内容范围和全书的体例风格做了必要界定和规范。但是，由于我们学识水平有限，统筹协调不够，编写时间仓促，加之一些担任主编的同志是首次承担科普类作品的编写任务，缺乏相应经验，所以，虽然付出了大量心血，个别卷仍然存在内容取舍不够得当，语言风格不够生动活泼等问题。这些缺憾，我们将在再版重印时加以修订改进。诚恳希望广大读者对本丛书的修订改进提出宝贵意见和建议，以便再版时提高质量。

河南省科学技术协会主席、党组书记　李建中

2013年6月

目 录

引　言

什么是生命？生命是如何诞生的，又是如何发展进化成为今日千姿百态的生物世界的？一个小小的受精卵何以能成就一个完整的个体？个体又是如何生存、延续发展的？这一个个个体又是如何和谐共存于群体与自然环境中的？……

生命的历程像是一本厚重的史书，记载着生命的萌生、成长和发展。

亿万年前的地球并不像现在这般富有生机。在 45 亿年前地球形成之初，地球是荒凉、不适宜生命生存的。我们身边这些生命存在所必需的条件是经历了漫长的变迁才逐渐齐备的。大气层逐渐形成，地球的温度开始变得适宜，海洋的面积逐渐增加。在远古时代的海洋里一些元素、一堆无机分子物质凑在一起组成一些简单的有机小分子，有机小分子又经过千万年的机缘巧合，误打误撞地合成了生物大分子。生物大分子聚集堆积，终于在 38 亿年前，出现了勉强可以称得上是生命的物质——原始生命。

原始生命和你所熟悉的原核细胞之间仍有极大的差距。通俗地说，原始生命是没有生存意识的，它只是不知从哪里漂来的由一层膜包裹着的生物大分子，与外界的物质交换完全是随机的、无目的性的。它就“傻乎乎”地漂动在原始海洋中。可是，不要小看这个“傻乎乎”的小东西，从某种意义来说，我们都是它的后代子孙，它是所有生物的祖先。

原始生命经过千辛万苦的阶梯式进化，形态升级到了原核细胞阶段。原核细胞是真正具有细胞结构的生命形态。

时光荏苒，单细胞们也许意识到“单打独斗”的生存模式有些艰难，于是它们团结起来，分工合作。细胞构成组织，组织构成器官，器官之间互帮互助构成系统，然后构成我们这些复杂精密的生物体。

不过，要知道自然是不会在历史的长河中停下脚步的，生存或者死亡，能否适应自然的选择是中间最为关键的一环。于是生命开始进化，基因的突变为进化提供了基础。优胜劣汰，生命形态在自然的选择下不断前行。再后来，生物有了性别之分，伴随着有性生殖的出现，生物的进化速度大大加快。在这中间生命经历过各种各样的形态。水中有游动的，陆地上有爬行的，天空中有翱翔的，最终形成现在这样一个千姿百态的生物世界。

经过几亿年的生物分化、进化、淘汰、存留、发展，现如今的生物界，物种繁多，已发现大约200万种生物，已命名的约有141.3万种。有如此多样化的生物及环境，生物界就如同一个大社会，社会中的各个成分联系紧密。众多个体组成种群，众多种群聚集在一起形成群落，群落与其所处的环境组成一个个小的生态系统，环环相扣。物种与物种，物种与环境，因捕食关系形成层层递进的食物链，同级物种因竞争、协同等关系使得成千上万的食物链交叉相连形成错综复杂的食物网。物种为了更好地生存下去不断地进行着适应环境的进化，而环境在改变生物的同时也被生物所影响。

随着人类历史的不断发展和科学技术的进步，这种影响力也在不断加强。人类开采着煤炭、金属、石油等一系列不可再生资源用于生产生活，人口数量不断增加，资源的需求量随之增加，生产与生活所造成的垃圾排放量更是日渐上涨。人类的活动范围日益扩张，自然环境不断遭到破坏，其他动植物的生存空间被一再掠夺，近年来许多物种，如白鳍豚、圣赫勒拿岛红杉、弯角大羚羊、西非黑犀牛、金蟾蜍、斯皮克斯金刚鹦鹉、伍德苏铁等许多动植物已被列为野外灭绝物种。而全球气候变暖作为人类面临的巨大挑战，无时无刻不在提醒着人们，必须走一条绿色的发展之路，实施可持续发展战略。由于可持续发展涉及自然、经济、环境、社会等诸多方面，站在不同角度对于可持续发展的定义也不同，总体来说就是尽量协调人口、资源、环境与发展之间的关系，在不损害后代利益的前提下寻求发展。

生命是偶然进化而来的，没有任何神力。进化之路无比艰辛。除了大自然的选择外，生命本身也在积极努力着，具体来说是我们身体中的生物大分子们在积极努力着。氨基酸、蛋白质、核酸等这些生物大分子都有着各自的使命，以精密、严谨的方式调控着生命的形态与内在使其更好地适应环境并生存下去。

把人类社会作为一个整体扔进整个地球上的生命世界中，不难发现整个生命世界同样是一个大社会。生产者、消费者、分解者都能对号入座。弄清各种生物之间的相处模式，了解它们相对于彼此所扮演的角色，可以帮助我们更好地认识身边的生命世界。“天地有大美而不言”，大自然自有其运行的法则。谁敢违背，必将面临相应的惩罚。

人类已经进化得如此聪慧，于是开始利用智慧来研究怎样可以让自己活得更久和没有病痛。对各种生命现象本质的研究，依其原理复制其过程并通过无数次的实验找出对症之法。各种药品经过临床检验后不断用于带走病痛，拯救生命。无数医学上的新发现给我们的生活带来了更多的期许。另外，人类对于生命的研究不断深入，研究技术与手段也在不断精进，随之而来的是生命科学的发展与社会伦理间的碰撞。转基因食品、生物武器、基因歧视、安乐死、生物克隆等时时刻刻拨动着人们关于伦理道德的敏感神经。生物技术有其潜在的危险性，生命科学的发展必须恪守伦理道德的底线，在社会的合理引导下造福人类与环境，以从事有益于人类和社会发展的研究为宗旨，若一些生物研究的成果被用于不法行为或违反了自然规律，其对世界的打击将会是毁灭性的。当然，相对于自然的神秘莫测，我们对于生命的了解还是知之甚少的。在我们这本书中仍有一些困扰着科学家们的问题以及需要我们继续攻克的难题。生命不息，探索不止。

关于生命，仍有许多未知、未解的谜题。例如，当我们可以踏足地球之外的世界时，我们对于生命的探索又开启了新的旅程。外星人存在吗？人们从何时开始留意外星人是否存在的？在哪儿可以找到它们的身影？电影里的情节真实吗？我们对地球之外的星球进行了怎样的探索？在探索过程中究竟发现了什么？火星、木星的卫星、土星的卫星等这些地球的邻居星球，哪个更有可能存在生命？在这些星球上究竟发现了些什么让科学家们对外星人的存在如此执着？基于这些发现，科学家们提出了哪些假说？跳出银河系，神秘的宇宙中哪里还有可能存在着生命？

人类对于生命的探索永无止境，生命的世界光怪陆离、神秘莫测。一些已被发现的规律需要人们去尊重和利用，而那些隐藏着的生命之谜也在默默等待着我们进一步勘探。

1　亿万年的等待

当把探索的目光投放到更为寥廓的太空时，人类被震撼了：宇宙如此浩瀚，地球就像是蝼蚁。当人类怀着谦卑忐忑之心张望周围的星球时，人类又一次被震撼了：人类“目及”之处，只有地球上鹰击长空，鱼翔浅底，万类霜天竞自由。地球是如此独特美丽，充满着生机！

1.1　丰富多彩的生物世界

1.1.1　生命中的另类

美丽与腐臭同在。大王花，亦称大花草、腐尸花。花朵巨大，直径最大可达1.4米，是世界第一大花。它没有叶、茎、根，不能进行光合作用，属寄生植物，靠吸取别的植物的营养来维持生长。它一生只开一朵花，色彩艳丽，可花期很短，只有4天。更令人诧异的是，花开时，你闻到的不是香味，而是一种奇特的腐尸的臭味，它竟以此吸引逐臭的昆虫来为它传粉做媒。大王花因这几大奇特之处在万花丛中引人注目。

伟岸和渺小并存。植物界的“巨人”应该是生长在澳大利亚草原上的一种树木——杏仁桉，它们平均身高超过100米，最高一株竟达156米；它们笔直向上，高耸入云，以其他生物难以达到的高度而令人仰视！而与之相对的植物中的“小不点”——无根萍，以其微小带花的躯体（比芝麻还小），获得了“最小的开花植物”的称号。蓝鲸可谓动物界中的巨无霸，主要以磷虾为食，通常呈蓝灰色，一般体长22~33米，体重150~180吨，从肚皮到头顶高约4米，一条舌头就有2~4吨。即使是蓝鲸幼崽也比成年象重。它们分布于从南极到北极之间的各大海洋中，尤以接近南极的海洋中数量较多。而在原生动物中有一种代号为 H39 的单细胞动物，最大直径长 0.3 微米，估计 1 000 万亿个放在一起，才会有 1 克重。

“永恒”与短暂辉映。地球上最为长寿的生命体应该是海草。葡萄牙埃尔加夫大学的科学家们在西班牙福门特拉岛附近的海域中发现一片绵延 9 英里（约为 14.5 千米）的波斯多尼亚海草群，科学家们对这片海草群进行基因测试，结果发现它们可能已经存在了 20 万年。在非洲的撒哈拉大沙漠里，生活着世界上最短命的种子植物——短命菊，干旱的沙漠中，短命菊的种子一经雨水滋润，就马上发芽、生根、生长、开花、结果、死亡，短短的三四个星期，就走完了“一生”。而在动物界亦是如此。英国科学家对大西洋北部冰岛海底的一种圆蛤类软体动物“明”进行了研究，据其贝壳上的纹理推断它现在的年龄已有 400 多岁，从而成为世界上最长寿的动物。还有一些动物的生命是如此短暂，甚至朝生暮死。最原始的有翅昆虫蜉蝣是目前已知的寿命最短的昆虫，主要分布在热带至温带的广大地区。它体长通常为 3～27 毫米，身体细长柔软，稚虫（幼虫）水生，成虫不取食，寿命很短，大多仅一天而已。

1.1.2 温柔的“杀手”

植物也会捕食昆虫？在我们心里，植物通过光合作用获取能量，不仅自给自足，还具有奉献精神。怎么可能捕虫吃肉呢？可在高山湿地或低地沼泽中生活着这样一类食肉植物，它们能够引诱、捕捉、消化昆虫等小动物，并吸收营养。这个植物种群比较稀有，目前已发现 10 科，约 21 属、600 多种。例如捕蝇草，叶片似贝壳，边缘生有刺毛，当有小虫不知危险、误入禁地时，它便敏捷地用贝壳似的叶片夹住小虫，继而消化吸收，以补充身体的能量。

植物也能杀人，这不是危言耸听。我国云南南部、广西和海南岛以及东南亚有一种高达 30 米的大树叫“见血封喉”，又名箭毒木，名字就已充分揭示了它的毒性。它的汁液含有剧毒，如果溅至眼里，眼睛马上会失明；如果接触人畜伤口，能致人畜心脏麻痹，血液凝固，窒息而亡。此树也被称为“死亡之树”。

海洋里最温柔的杀手是澳大利亚箱形水母，形似箱子，有 60 条约 3 米长的触须，每条触须上布满了储存毒液的刺细胞。人一旦被其触须刺中，几分钟之内就会死亡，且无药可救。一个箱形水母体内存储的毒液足以杀死50个成年人。

1.1.3 突破生命的极限

生命并不仅存于宜居地。总有一些生命在人类想象不到的地方坚持着。

它们在酷寒荒凉的极地求生存。英国和美国的微生物学家曾发现在地球的南北两极生存着大量的藻青菌等细菌群落。极地终年冰雪覆盖，干燥严寒，风力强劲，紫外线照射较强，环境条件极为恶劣。而在美国阿拉斯加、俄勒冈州，英国，哥伦比亚和靠近极地的终年积雪的冰川区，活跃着一种像黑线一样的小虫子——冰虫，它能够在坚硬的冰层中行动自如，拥有罕见的耐寒体质。

相信吗，还有一种煮不熟的虾！英国科学家在加勒比海海底（深度大约为5 000米）的一条裂缝中，发现一条沸腾的火山泉，其喷口附近存活数千只新种虾。不可思议的是，这里的温度可能超过450 ℃。新种虾超级耐热，肤色苍白，成群聚集，背部长有光敏器官，能帮助它们在光线暗淡的深海火山喷口地区移动。

有这样一些生物生活在生命似乎不可企及的高度。在喜马拉雅山脉的加梅德山海拔6 400米处，发现一种花，可谓是地球上站得最高的花了；有一种鱼——条鳅鱼类，生活在我国青藏高原海拔5 000～5 200米处，打破了美国生物学家提出的鱼类分布临界线海拔4 800米的纪录，是地球现生鱼类中分布海拔最高的鱼类；牦牛被称作高原之舟，能够生活在喜马拉雅山脉和青藏高原海拔3 000～5 000米的高寒地区，是生长在海拔最高处的哺乳动物。

令人诧异的深度！海洋深处约700米以下，就漆黑一片，压力巨大。位于西太平洋马里亚纳群岛东南侧的马里亚纳海沟，深度大约11 034米，在这似乎不可能有生命存在的地方，除了细菌等低等生物，还有一种叫“安康”的盲鱼快乐地活着。

我们知道，生命离不开水，生物的所有细胞都需要水作为化学反应的媒介，以保持细胞膜的完整。一般情况下，人如果不喝水，3天就会死，但据记载，曾有骆驼17天不饮水仍活了下来，骆驼可能是大多数人知道的最耐旱的动物了。

但你可知道，澳大利亚有一种沙漠蛙，它们有高超的储水本领，能长期潜伏在沙漠地下，甚至超过 7 年而依然存活。更有一种生长在岩石缝里的植物——卷柏，被制成标本几年后，一旦接触水，仍能焕发生命的活力。

超级无敌的“小小强”。水熊或称水熊虫，是对缓步动物门生物的俗称，你必须借助显微镜才能看清它的面貌，它体形细小，体长 0.05 ~ 1.4 毫米，通体透明，足迹几乎遍布全球。一旦生存环境恶化，身体便缩成圆桶状自动脱水（隐生状态），蛰伏忍耐。它的忍耐度让人难以置信！德国佛莱堡大学的拉姆曾把水熊虫分别放在 150 ℃和零下 200 ℃（接近绝对温度）的环境中，再置于常温下，给予水分，它竟奇迹般地复活。5 700 戈瑞强度的放射线，原子弹的辐射杀不死它；600 兆帕的压力，最深的马里亚纳海沟水压的 6 倍也压不扁它。请记住它，具有超强生命力的生物——水熊虫。

1.2　探寻生命之本

1.2.1　生命起源的猜想

生命是如何出现的？地球上最早的生命从哪里来？一代又一代人为此而纠结、探寻，希望能做出科学合理的诠释。

当科学还不够发达的时候，人们试图利用想象去解释，人们编织了神话——中世纪欧洲的神创论，认为世界万物是上帝用六天时间创造出来的；在中国，人们曾经认为是盘古开天辟地，女娲抟土造人。神话传说瑰丽奇幻，但经不起检验，体现了古代人民对生命起源的一种朴素思考。

相信肉腐出虫、鱼枯生蠹的自然发生论在 19 世纪前流行，但 1860 年，法国微生物学家巴斯德通过一个简单但令人信服的曲颈烧瓶实验否定了这一理论。

我们知道年轻的地球不断遭受陨石、小行星的撞击，难道地球上最初的生物来自别的星球？19 世纪末，瑞典化学家阿列纽斯在《宇宙的形成》中提出了“宇宙来源说”，认为地球上最初的生物来自别的星球或宇宙胚种，它们可以通过光压、陨石或其他运载工具而到达地球。

然而，我们都知道，宇宙空间的物理条件，如紫外线等各种高能射线以及温度等条件对生命都是致死的，而且，即使有这些生命，在它们随着陨石穿越大气层到达地球的过程中，也会因温度太高而被杀死。因此，像微生物孢子这一水平的生命形态看来是不大可能从天外飞来的。但是，一些学者认为，地球上最早的生命或构成生命的有机物，完全有可能来自于其他星球、彗星或星际尘埃。该假说得到了现代一系列太空探索和陨石分析的有力支持。

1963 年以来，科学家们发现太阳系其他无生命的行星上都有碳氢化合物及其衍生物的存在，由碳（C）、氢（H）、氧（O）、氮（N）构成的星际分子共 150 种，其中 80% 是有机化合物。此外，研究人员也发现木星的大气层成分和假定的地球原始大气成分是一致的。1970 年，福克斯研究组在月球样品中检出了形态和地球上发现的微玻璃陨石几乎一样的物质，在它的提取物中，科学家们已确定了许多有机化合物是各种碳氢化合物、氧化物、氮化物、硫化物及卤化物等。2008 年科学家从 1969 年坠落在澳大利亚的默奇森陨石中发现了来自外太空的基因物质（尿嘧啶和黄嘌呤）和多种氨基酸分子，这一新发现暗示包括人类在内的许多地球物种很可能来自外星物种。

因此学术界有观点认为生命或是由彗星带来的。学者们认为在 45 亿年前，受过几万颗彗星和陨石撞击的无大气层的原始地球的温度高达数千摄氏度，首批地球实体结构刚刚开始形成。大约 1 亿年之后，地球温度才降下来，并把彗星带来的水积蓄起来。大概又过了几亿年时间，地球环境变得适宜生命产生了。“彗星论”的理论家们推断说，当初的一切都是星球发生的偶然事件即碰撞带来的结果，同地球碰撞的一颗彗星带来了生命的“胚种”，这颗彗星带着这种“胚种”穿过整个宇宙，将其留在了刚刚诞生的地球上，通过缓慢的化学反应演变成最古老的生命物质。著名科学家胡安·奥罗认为“造成化学反应并导致生命产生的有机物毫无疑问是与地球碰撞的彗星带来的”。

但是，现代科学研究表明，在已发现的星球上，自然状况下是没有保存生命的条件的，因为没有氧气，温度接近绝对零度，又充满具有强大杀伤力的紫外线、X 射线和宇宙射线等，因此任何“生命胚体”是不可能保存的。这个假说实际上把生命起源的问题推到了无边无际的宇宙中去了，同时这个假说对于“宇宙中的生命又是怎样起源”的问题，仍是无法回答的。

目前，能较科学合理地解释生命的起源的应属“化学进化论”，这一被广大学者普遍接受的生命起源假说认为，地球上的生命是在地球温度逐步下降以后，在极其漫长的时间内，由非生命物质经过极其复杂的化学过程，一步一步演变而成的。

1.2.2 生命本质的追问

首先，我们面临一个难题，什么是生命？我们如何界定生命的存在呢？

(1) 生命定义的探索

生命的种类繁多，形态各异，我们根据常识与直觉判断生物体的生和死似乎很容易办到，但要对生命下一个科学的严格的定义十分困难。首先，在不同的时代，不同的科学家对生命的本质有不同的解释。其次，我们要去邂逅的，是距今几十亿年的原始生命，它们不可能具备现代生命定义的全部特征。那么，重新探索一下生命的定义，就很有必要了。

其实人类从未停止过对生命探寻的脚步。在中国古时，先哲们就认为生命是一股气，所谓“吾养吾浩然之气”，即人们认为生命就体现在“气”中，生命的终结就意味着“气”的消失湮灭。

类似的，在欧洲，也盛行着一种“生机论”的观点。他们认为生命的本质是一种特殊的“生机、活力”。其实东西方的观点本质是极其相似的，因为科学技术的限制，人们对生命的认识还不足以把生命的现象解释得非常清楚，就把生命归于玄而又玄、捉摸不到的所谓生机中。

当然，这样的回答不能让科学家们停下继续追寻的脚步。得益于近代解剖学的发展，“机械论”诞生了。它把生命看成一件精密而复杂的机器，各部件的完美协作使生命存续下去。笛卡儿就曾说过：“动物是架机器。”

还有人从自己的专业素养、从不同角度提出了对生命的非传统描述。物理学家薛定谔提出过一种熵理论：一个生命有机体在不断地增加他的熵并趋于接近最大值的熵的危险状态，那就是死亡；要摆脱死亡，也就是说要活着，唯一的方法就是从环境里不断地汲取负熵，更准确地说，新陈代谢的本质，乃是使有机物体成功地消除了他自身活着的时候不得不产生的全部熵。简单地说，任何物体都要从有序自发的变为无序的状态，无序状态即是死亡，故延长自身的生命就要求减少熵值。而在日常活动中，分解作用使熵增大，合成作用使熵减小。而合成与分解的总和即是新陈代谢。所以生命过程中，正常的生命同时在构建和破坏自身的结构，达到熵值的平衡状态。

（2）生命的基本特征

科学家将地球上的生命作为参考，探寻生命的本质，总结出几点生命的基本特征：

1）能与外界进行物质能量交换，进行新陈代谢，包括同化作用（合成代谢）和异化作用（分解代谢）。在这一过程中，生物体通过反馈调节机制来控制内环境的温度、pH、渗透压等条件，维持自己的稳态。

2）繁殖与生长发育。在已知的认识中，任何生物都无法永生，繁殖、生长发育使种群得以延续和发展。

3）遗传和变异。生物体适应环境的特性通过遗传保留下去，同时通过变异产生新的特性以应对环境的变化或适应新的环境，产生特定的结构和功能，如鸟翅用于飞翔。只有对环境有适应性，生物才能存活。遗传和变异把地球上的生物联系起来，一端是过去，追溯源头，我们可能有着共同的祖先；另一端是未来，将不断产生分支，在不同条件下沿着不同的方向延伸。每一个分支点都是由变异或地理隔离（生殖隔离）引起的。

4）应激性与适应性。生物体能随环境变化的刺激而发生相应反应，并做出主动的反应，使自己趋利避害、趋吉避凶。苍蝇被腐肉吸引，植物茎尖向光生长，都是应激的表现。动物的神经系统和感觉器官则是应激性高度发展的产物，具有更高级的应激性，如手碰到开水会迅速躲开。这种应激性不仅通过神经系统，还通过激素分泌系统、运动系统、免疫系统等发挥作用。生物体应激性的进一步发展，就产生更复杂的生物行为。

与应激性不同，适应性是通过长期的自然选择形成的，是生物体对所处生态环境的适应能力。如水母、海鞘等水生生物的躯体近乎透明，能巧妙地隐身于水域中；北极熊白色的皮毛和冰天雪地的背景十分协调；虎、豹、斑马、长颈鹿身上都有鲜艳的花纹，在光影斑驳的环境里，其轮廓会变得模糊不清；还有超级善变的章鱼，能随着环境改变自身的体色与形态。这些都是适应性的表现。

对于“什么是生命”这个问题，到这里可以有这样一种概括的回答：具备以上特征的物质存在形式就是生命。

需要注意的是，凡事都有例外。许多生物能保持相当长的时间并不出现生命特征，如古莲子等会在相当长的时间内并不进行新陈代谢，当条件适宜时其又会出现生机。像骡子不具有繁殖能力，却是实实在在的生命体！又比如你的电脑就是一个十分敏感的家伙，对外界刺激的反应也是非常明显的，但它绝对不是生物哦。

1.2.3 生命存在的基础

生物体是由各种化学元素和化合物组成的，其中主要有组成生命的必要物质基础：蛋白质和核酸。

蛋白质是生命活动的体现者和承担者。20 世纪 50 年代之前，生命的本质物质是蛋白质的观点一直占据着统治位置。但是，随着核酸双螺旋结构的发现和核酸功能的进一步研究，更多的生物学家开始关注核酸。因为核酸的自我复制的特点和在遗传信息传递方面的作用，人们把核酸视为生命的分子基础。对生命的理解，从强调蛋白质所代表的新陈代谢，扩展到了由核酸所代表的遗传与变异。

生物学家曾一度认为所有的酶都是由蛋白质构成的。核酸的合成需要酶。而蛋白质则是在核酸的指导下合成的，也即蛋白质的合成需要信息，这种信息来自核酸。这样一来，对于最早的生命物质究竟是核酸还是蛋白质，就发生了争论。到了 20 世纪 80 年代，有人研究发现一种原生生物四膜虫的核糖体由若干 RNA 和多种蛋白质构成，其中有些 RNA 有催化作用，从此才确定酶并非都是蛋白质。为了区别蛋白质构成的酶，就将 RNA 构成的酶称为核酶，现已在多种十分原始的有机体蓝细菌项圈藻中发现核酶的存在。2006 年美国加利福尼亚州斯克里普斯研究所的乔斯等在实验条件下，将离体的核酶拷贝成 DNA 分子，一开始这些分子并没有酶的作用，但经若干代的复制，其中有些 DNA 分子发生随机变异，形成脱氧核酶。这是人工创造的进化。当前在自然界中还没有发现过脱氧核酶，但这一实验证明 RNA 可能是一种最早的具有酶作用和能自我复制的信息分子。

目前生化学家公认，地球上最早携带信息的分子是 RNA 短链，它们无需蛋白质构成的酶就能自我复制。早在20世纪70年代，爱勤就已成功地进行了RNA复制实验，并发现无机锌化物可促进这一反应，可惜他并未确证RNA的催化作用。爱勤实验后两年，有人发现一种加工转运RNA（tRNA）的酶由RNA与蛋白质组成，当时命名为核糖核酸酶P，认为这种酶可以将tRNA分子在特定位点上切开，而一般单纯由蛋白质构成的酶没有这种作用。许多分子生物学家相信，RNA上第一个出现的遗传密码很可能是具催化性质的，因此它可以促进周围物质的诸多化学反应。由此促进多种有机物质的形成，其中重要的是脂质和蛋白质分子的合成，两者也是生物膜的重要构成成分。由于后者的分子可折叠成形状各异的构件，所以是构成生物体中各部件的基本物质，并逐渐取代RNA成为最重要的催化物质——酶。

由于RNA有自我复制的特性，不同RNA分子就相互竞争以获得大单体（核苷酸），这样自然选择就保存了那些具有复杂构型且较稳定并能迅速复制的RNA分子，最终由RNA进化为DNA。DNA就像设计制造生命需要的物质的总工程师。

至此，产生了具有生命最基本特征即能自我复制（繁殖的根本）的分子。

有科学家将有生物膜包裹的大分子体系作为生命起源的标志，但当前多数科学家仍认为，细胞的形成才算得上是生命的开始。

其实生命的产生、进化，本没有一个明显的界限。就像一条长河，可以被分段命名、认知，但无法完全割裂。

生命是如此神秘而玄妙，而对生命本质及其历程的探索，将是一个永恒的命题。

1.3 生命的摇篮

1.3.1 为生命的出现做准备

很久以前，距今至少150亿年前，一个致密炽热的奇点在一个特定的瞬间，突然发生巨大爆炸。这个区域内的物质就以难以置信的速度开始膨胀，同时温度开始下降。这就是科学家所说的宇宙大爆炸（图1－1），它形成了宇宙的初始状态，时间很短，还不够我们眨眼睛的。

图 1－1　宇宙大爆炸

科学家推测此时的宇宙里应充满了各种类型的粒子和它们的反粒子一起组成的气体，如电子与反电子、夸克与反夸克等。它们在一个能量海中自由地漫游，就像鱼在大海中一样。这些粒子与反粒子在碰撞中不断湮灭与创生。当宇宙膨胀到如今天的太阳系大小时，自由夸克就开始被约束到中子和质子内，出现了质量较重的粒子。在宇宙再增大 1 000 倍后，质子和中子又结合成原子核。此时，环境温度仍然很高，原子核还不能捕获电子。

宇宙扩大到目前宇宙的 1‰之后，中性原子开始聚结成气体云。各种原子核与基本粒子在开始组成的原始汤中（后来就成为原子），因万有引力的作用造成了特别稠密的区域，从而形成各个星系，在星系内部，稠密的气体云又产生出大量的恒星。

这些恒星内部温度仍然很高，核反应还在继续进行，不仅生成了星体本身的各种元素，而且还形成了分子。也正是恒星生命期间不断发生的核反应（核聚变），保证了能量在几十亿年间的连续供应，才使生命和智能有时间发育。

恒星在生成各种元素的同时，大量能量被辐射出来（图 1－2），其本身温度就会降低。这时，一颗像太阳那样大小的恒星就变冷变成红巨星，但仍会发光，会再持续几亿年（在宇宙演化史中，这是个不算大的数字），红巨星会抛出它的一些外层，形成所谓行星状星云。这就是行星的来源。行星核内仍可有较高的温度和压力，但它辐射出来的能量就几乎没有了。行星由于万有引力的作用绕着原来的恒星转。行星四周还会有卫星。我们地球存在的太阳系就这样形成了。

科学家用大爆炸理论解释了宇宙的形成，撩起了浩瀚宇宙的神秘面纱。那么

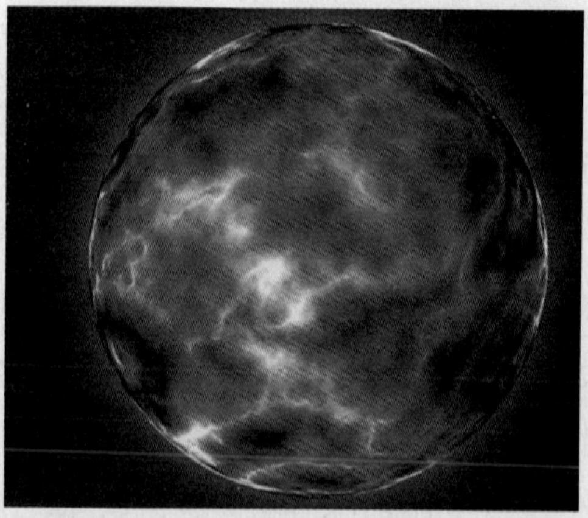

图 1-2 太阳内部发生剧烈的核反应并不断释放出能量

接下来地球是怎样一步一步形成的呢？

1944 年俄罗斯地球物理学家斯米特提出：行星是一步一步地逐渐增大其体积的。宇宙尘团聚在一起成为颗粒，颗粒变成砾石，砾石变成小球，然后变成大球，再变成星子（陨石）。随着星子越来越大，它们的数目就变少了。星子之间碰撞的机会就减少。能够用于吸积的东西越来越少。计算表明，一个直径 10 千米大小的天体变成地球这样大小的天体需要经过大约 1 亿年的时间。可见，地球还是很有毅力的喔，是个不知疲倦的家伙。

吸积过程对于地球来说有着显著的热效应，这强烈支配着地球演化的热效果。撞入地球的大物体在地球内部会产生巨大的热量从而将在那里的宇宙尘熔化。当地球还年轻时，由火山作用和来自内部的熔岩流所引起的地表加热还受到巨大星子（这些星子中的一些或许像月球甚至火星那样大）经常撞击所产生的热量的补充。在这一时期，不可能有生命存在。

美国加利福尼亚州帕萨迪纳理工学院的克莱尔·帕特森教授于 1953 年计算了地球和形成地球的许多陨石的年龄为 45.5 亿年。但是，在这之后的 1.2 亿年到 1.5 亿年的时间内，由于星子的轰击，地球还在不断地增大。在那时——距今 44.4 亿年到 44.1 亿年——地球开始保留住它的大气并开始形成地核。

1.3.2 大气层——生命的保障

地球演化的最重要的方面之一是大气的形成。地球最早的大气层是由地球内部释放出的气态物质形成的。地球所谓的连续除气作用的例子就是火山喷发。有研究表明：80%到85%的大气都是在最初的100万年间除气产生的，其余的大气是在以后的44亿年间缓慢而不断地释放出的。

原始大气成分中最可能具有优势的是二氧化碳，氮是另一个含量丰富的气体。原始大气中还含有微量的甲烷、氨、二氧化硫和盐酸，但没有氧。除了含有丰富的水外，原始大气类似于金星或火星的大气。这种大气含有相当多的像氨和甲烷之类的气体，足以产生有机物质。

随着地球的演化，大气中的成分发生很大的变化，即二氧化碳比例下降。二氧化碳从大气中转移到地表的像石灰岩之类的碳酸盐岩石中，尽管目前并不清楚二氧化碳是何时被转移到岩石中的。

另外，地球的快速除气从地幔中释放出大量的水，形成海洋和水文循环。

碳的问题对生物如何影响大气的成分有着决定性的意义。碳的埋藏对于形成大气氧富集（某些生命形态发育的前提之一）这一至关重要的因素来说是一个关键。在一二十亿年期间海洋中的藻类产生出了氧。但是由于氧是高度活性的气体以及古代海洋中有许多还原矿物（例如很易被氧化的铁），因此由生物产生的大部分氧在其可能到达大气圈之前就已被消耗完了，何况在大气圈中它还可能遇到能与之起反应的一些气体。

即使一些进化过程在无氧气时代产生的复杂的生命形态，它们也不会含有氧。此外，只要它们一离开海洋，未被大气滤掉的太阳的紫外线也可能会杀死它们。像普雷斯通·克劳德（美国生物地质学家）这样的研究人员提出：只有在大约距今20亿年的时候，在海水中的大多数还原矿物已被氧化之后，大气氧才被富集起来。在距今20亿年到10亿年，大气氧含量达到了现代水平，从而为进化着的生物提供了一个生态位。

霍兰教授研究了诸如氧化铁或氧化铀之类的某些矿物的稳定性之后，证明了在20亿年之前的太古宙大气中的氧含量是很低的。现今的一致意见是，目前的氧含量20%是光合活动的产物。最新的研究表明，氧的增加是在距今21亿年到20.3亿年突然开始的并在距今15亿年的时候达到了今天的含量。

大气中氧的存在对于试图生活在地表附近或地表之上的生物来说还有另一好

处，因为它除去了紫外辐射，像天然的保护伞。紫外辐射能使许多分子分解——从脱氧核糖核酸（简称DNA）和氧到能影响平流层臭氧损耗的氯氟烃类。紫外辐射能量能将氧分子分解成很不稳定的原子形态O，后者又能结合成氧气（O_2）和一种很特殊的分子O_3，即臭氧。臭氧本身又吸收紫外辐射。只有在大气中的氧丰富到足以使臭氧形成之后，生命才有可能植根于或立足于陆地上。

生命从原核生物（无成形的细胞核或线粒体的单细胞生物）快速进化到真核生物（有细胞核的单细胞生物）和后生生物（多细胞生物）也刚好发生在氧和臭氧存在的这10亿年，这种情况并不是一种巧合。

随着气候（主要是温度）的变化，生物会发生变化。不同的地质纪，有不同的气温，因而也有不同的生物种类存在，其次序也很明显。由开始的原始汤状态到出现藻类、叠层石、水母等原始生物，接着出现带刺鱼、鱼甲龙，接着出现爬行类，这也说明了大气层中组分的变化与生命进化是息息相关的。

由不同气体相对浓度所表示的大气成分受到地球上生命的强烈影响。早期大气的水和二氧化碳的浓度相当高，而且还有高浓度的甲烷、氨和氮。原始大气中不含氧气，和现在有着天壤之别。现在的绝大多数生物是不可能在原始大气中存活的。在生物出现之后，对我们的生存必不可少的氧就越来越多了。今天的大气中仅有微量的二氧化碳。

水是原始大气的主要成分。原始地球的地表温度高于水的沸点，所以当时的水都以水蒸气的形态存在于原始大气之中。随着地表不断散热，水蒸气冷却凝结成水。之后地球内部温度逐渐降低，地面温度降到沸点以下，大雨倾泻，地球表面低凹的地方，就形成了江河、湖泊和海洋。于是原始海洋诞生了。原始海洋盐分较低，而有机物质却异常丰富。当时大气中无游离氧，高空中也没有臭氧层，所以紫外线能直射到地球表面，成为合成有机物的能源。另外还有天空放电、火山爆发释放的能量、宇宙射线，以及陨星穿过大气层时所引起的冲击波等，都对有机物的合成起了积极的作用。其中天空放电所提供的能量最多，又在靠近海洋表面的地方释放，作用于还原性大气，所合成的有机物质，更易被雨水冲淋进原始海洋之中，这样原始海洋便富含有机物质，成为“生命的摇篮”。

读到这儿，你会发现地球在慢慢的形成与变化的过程中已经悄悄地为生命准备好了摇篮，等待着生命的出现与繁荣。

1.4 生命的诞生

这个摇篮可非比寻常！原始地球的环境是非常恶劣的，高温、强烈紫外线、闪电，大气中充斥的是二氧化碳、甲烷、氮气、水蒸气、硫化氢、氨气。海洋是一盆溶解这些物质的热汤，其中还有有机物。但是，也正是这些恶劣环境的不停“打击”，大约在地球形成以后的10亿年，逐渐形成了原始的生命。至此，地球不再孤单，生命的种子正在生根发芽……

生命的形成大体可以分为三个阶段：化学演化阶段、过渡演化阶段、生物演化阶段。

1.4.1 化学演化阶段

地球最早形成的岩石中不存在化石古生物，也证明地球形成之初是尚无生命的。那么，生命是从哪里来的呢？

比较合理的哲学推理应该是，生命物质是由非生命物质发展来的。那么现今地球上还存在大量非生命物质，它们为什么不发展成为生命物质呢？

一般认为这个过程包括由无机物质生成简单到复杂的有机物质，组成多分子体系，再进一步演变为原始的生命几个阶段。

20世纪50年代，美国学者米勒等人在实验室中模拟40亿年前地球的状况（图1-3）。实验装置里充满了一氧化碳、氢气、氮气、甲烷、水蒸气等原始大气的主要成分。对体系施以放电以模拟原始地球雷击频繁的环境，结果观察到实验瓶内有简单的有机化合物如氰化物、甲醛、乙醛和丙醛等产生，这些有机物很快溶于水并转化为氨基酸、有机酸、嘌呤和嘧啶等物质。而这些有机物又是构成生命的必需物质基础。这一实验为生命的化学进化论奠定了坚实的基础。

最初产生的有机物质都是一些小分子，小分子（单体）连接成大分子（多体）的过程称为多聚化。大分子如多糖、蛋白质和核酸等是生物的结构成分。多聚化大都由小分子浓缩和脱水而成，需要吸收能量。大分子一旦形成就比较稳

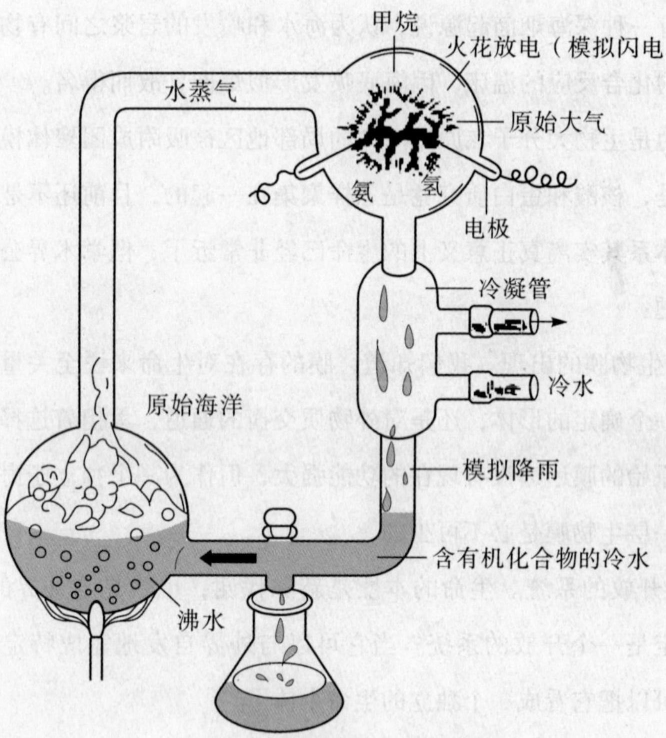

图 1－3　米勒设计的实验装置

定。在原始海洋中大分子越积越多。从无机物到有机物进一步到大分子是形成生命物质的重要历程。由于碳原子（C）具有特殊的性质，很多物质的生成是以“C”为中心进行的。

从理论上推测：上面的实验可以看作地球生命起源的微缩版，生命最初的形成过程与此类似，不过竟耗时 2 亿年！小分子出现后，生命的形成过程进入到下一个阶段，小分子再合成生物大分子。

生物大分子中最重要的是蛋白质和核酸。前者是生命活动的主要体现者，合成单位是氨基酸；后者是生命现象遗传、变异功能的承载者，合成单位是核苷酸。但是关于这两者的起源，目前学术界尚没有定论。有几个假说并存：有人认为核酸和蛋白质是形成在大陆火山附近的高温环境，再进一步被冲刷到海洋中，因为他们认为干燥的环境是缩合反应最适宜的条件，这种假说被称作陆相起源说；与此对应的是海相起源说，这种观点认为海洋中存在的有机小分子更容易被海中的黏土等物质吸附，加大了接触的机会，在适当的条件下更容易缩合为生物大分子；还有一种深海烟囱起源说，认为海水和喷发的岩浆之间有物质和能量交换，是很好的化合反应的温床，因海底喷发形似烟囱，故而得名。

一般认为是生物大分子在原始海洋的局部地区被吸附成团聚体模型或类蛋白质微粒。但是，核酸和蛋白质究竟是怎样聚集在一起的，目前还不是特别清楚。

多分子体系其实离真正意义上的生命已经非常近了，但学术界公认还应解决以下几个问题：

1）原始生物膜的出现。我们知道，膜的存在对生命来说至关重要，它不但提供给生命一个确定的形体，还是对外物质交换的通道，承担着选择有益物质的重任。也许原始的膜远远没有现在的功能强大，但作为一个独立于海洋环境的生命体来说，一层生物膜是必不可少的。

2）一个开放的系统。生命的本质是新陈代谢，也就是与外界的物质交换。所以生命必定是一个开放的系统。当它可以与外界自发地完成特定的物质交换时，我们就可以把它看成一个独立的生命个体了。

3）生命的遗传密码。我们知道所有的生命都共用一套遗传密码，无论低等或高等。密码的排列顺序决定着氨基酸的顺序，没有例外，但我们不知道为什么是这样。有人认为是偶然，但也有人不满足于此，但无论如何，共同的遗传密码，无疑对生命的延续有着重大意义。

1.4.2 过渡演化阶段

即使是最简单的原始生命，也比最复杂的化学体系复杂得多，这之间还有着漫长的路程需要行走。其中最著名的理论是 1984 年奥地利学者修斯特等人提出的阶梯式过渡模式。

根据这个理论，原始的化学结构到原始的细胞要跨越六个阶段。

第一步：从小分子到杂聚合物。主要克服的是组织化危机，即分散的小分子很难初步被“组织”起来，进行下一步的演化。不过没关系，在原始的演化中，最不缺的就是时间，通过聚合作用，小分子最终聚合为杂聚分子。

第二步：通过分子间的选择作用，杂聚分子过渡到多核苷酸。值得一提的是，最早的核苷酸起的是催化作用，它可以催化蛋白质或多核苷酸的复制。

第三步：环境因素对多核苷酸体系的选择作用，使多核苷酸体系进化到分子准种。分子准种是指一种较复杂的分子系统。当然，此时的核苷酸依然不具有遗传载体的功能。

第四步：分子准种通过更为复杂的超循环组织，蛋白质也被吸纳进入多核苷酸体系的自我复制之中。与此同时，最早的遗传密码和基因也形成了。

第五步：分隔结构的出现。分隔结构的出现使得新形成的多核苷酸基因体系被分隔开来，更利于实现选择优化，并使表现型与基因型区别开来。

第六步：原始细胞的形成。这是阶梯式过渡理论的最后一步。在一系列多核苷酸体系的控制之下，原始细胞可以进行一系列的新陈代谢活动，从而提供给细胞生存必需的能量和物质来源。

经过这六步的演化，最原始的生命，才算是真正和我们见面了。

1.4.3 生物演化阶段

按照一般的学术观点，细胞才是真正意义上的生命。细胞出现之后的生命演化就称作生物演化。与化学演化阶段主要受化学物质性质规律支配不同的是，生物演化主要受的是生物学的支配，具体说是受遗传、变异、自然选择等因素的支配或影响。

我们已经知道，经过阶梯式过渡阶段后的细胞算是最原始的生命。原始细胞其实可以看作由生物膜包裹简单遗传密码的完整体系。与现在所说的原核细胞还有非常大的差距。但有了这个起点之后，生命以一种“百米冲刺”的速度飞驰在进化的道路上。

首先，是从原始生命过渡到原核细胞。主要标志是细胞质的分化以及染色质体的形成。细胞中的不同酶逐渐聚集在一片确定的区域，使细胞的新陈代谢系统更加有序。后来随着 DNA 分子的形成和进化，染色体也逐渐形成。距今 30 多亿年，蓝细菌出现了，此后的 10 亿多年，蓝细菌始终是地球唯一的优势生物。蓝细菌的出现对于地球的改造有着巨大的意义，它通过光合作用，利用太阳能释放出氧气并合成有机物。无论是氧气的集聚产生的臭氧层还是有机物的积累，都为生命后续的进化做着重大的推动工作。

其次，是从原核细胞进化到真核细胞。从化石记录来看，真核细胞的出现在8亿或10亿年前。正如前文所提到的，蓝细菌的长时间大量繁殖大大改善了地球的气候条件。臭氧层的出现抵挡了紫外线对地球生物的侵袭，有机物的积累是真核生物出现的物质基础。与此同时，地球的环境也在逐步改善，表层温度下降，碳酸盐沉积，这又为真核生物的出现埋下伏笔。真核生物和原核生物最大的不同在于有核膜包被的完整的细胞核结构。不要小看这一层小小的膜，在生物进化史上，它可算得上是里程碑式的成就。

真核细胞的出现对以后的进化之路有着巨大的意义。第一，它是生物性分化和有性生殖的基础。众所周知，真核生物与原核生物主要区别之一就是是否有有丝分裂，而有性生殖的基础——减数分裂在机制上与有丝分裂相似。而有性生殖对生物的遗传变异的影响实在无需赘言。第二，它推动了单细胞向多细胞的发展。真核细胞更为完善的遗传系统使得它对于遗传的调控更具组织化，细胞的多组织化成为可能。第三，它促进了生态系统从二级到三极的演变。在原核生物时代，异养的细菌和自养的蓝细菌构成二级生态系统，随着真核生物的出现和动植物的分化发展，逐步形成了动物、植物和微生物的三级分化系统。

最后，是从单核细胞到多核细胞。人们普遍认为，最早的真核生物是一种单细胞，是一种可以进行光合作用、有丝分裂的水生生物。随着地球环境的进一步改善，单细胞经过几亿年的相对静止的生长繁衍，形成了多细胞生物。大概的流程是这样的：一些单细胞在偶然的机会下“吞掉”了另一种单细胞，但是却没有消化。作为“宿主”的细胞和作为“俘虏”的细胞还能和平共处，被吞掉的细胞就逐渐进化成了“宿主”的细胞器。比如，某些藻青菌成为叶绿体，一些需氧菌则成了线粒体，甚至有的细菌进化成了细胞核。真核生物进化出越来越复杂而强大的结构，同时在横向上也相互堆积，逐渐开始形成细胞聚集体，再后来就形成了多细胞生物。从此，由多细胞组成、有着分化结构的后生生物成为地球进化道路上的主宰。

自此，生命的产生过程就算是圆满结束了。接下来，才是见证奇幻的生命演化历程的时刻。

生命并不是上帝短时间内创造出来的，而是经过了亿万年的化学生物演化。地球在漫长的时间内逐渐拥有了适宜的光、温度、大气、水等生命存在的条件，无机物质生成有机物质，有机物质组成多分子体系，进而演变为原始生命。原始生命过渡到原核细胞，原核细胞又进化到真核细胞，最后从单核细胞到多核细胞。自此，生命绚烂走来……

2 生命的进化

生命没有辜负地球亿万年的等待款款而来，踏上了艰难而又曲折的征程，随着环境的改变，经历着生命的“严冬”与“春天”，不断地从寂灭走向复苏，在挫折中顽强奋进。

2.1 回眸生命的历程

地球上出现生命之后，生命由简单到复杂，由低级到高级，不停地演替和进化。为了让读者更容易地梳理出生物进化的路径，也为了便于讲解，我们按照生物出现、进化的时间顺序来逐步讲述。

现在科学界公认的时间分界为：前寒武纪（5.45 亿年前）、寒武纪（距今 5.45 亿年~4.95 亿年）、奥陶纪（距今 4.95 亿年~4.40 亿年）、志留纪（距今 4.40 亿年~4.17 亿年）、泥盆纪（距今 4.17 亿年~3.54 亿年）、石炭纪（距今 3.54 亿年~2.92 亿年）、二叠纪（距今 2.92 亿年~2.50 亿年）、三叠纪（距今 2.50 亿年~2.06 亿年）、侏罗纪（距今 2.06 亿年~1.42 亿年）、白垩纪（距今 1.42 亿年~6 500 万年）、第三纪（距今 6 500 万年~1 80 万年）、第四纪（距今 180 万年到现在）。其中，第三纪和第四纪还可以细分，后面会详细讲到。

下面，我们就将追溯时间的长河去一窥生命的进化历程。

2.1.1 生命初窥——前寒武纪

前寒武纪是所有的时间分段中最长的。众所周知，地球大约有 45 亿年的历史，而前寒武纪占了其中 40 亿年！因为地球自身的演化和生命的形成占用了过于久远的时光。许多人认为生命起源于原始地球海底的“黑烟囱”中，大约在38亿年前，生命诞生。这未必是准确的时间，只是科学家发现的最早的生物化石存在的时间。在距今35亿年前左右出现了蓝细菌，即蓝藻。蓝藻作为地球上“第一代的霸主”，在长达10亿年的统治时期内，极大地改善了地球的环境。后来，随着真核细胞和多核细胞体系的出现，生命的进化才真正进入正轨，速度不像之前那样缓慢，生命的形态和发展变得更多姿多彩。

不过，在前寒武纪的末期，地球出现了第一次生物大灭绝，大部分的生命都不明原因地不见了。板块运动、地质变化使得当时地球的面貌已无从考究。有一种说法，因为出现了一种食肉动物，前寒武纪的生物很多都是远古软体动物，没有硬质外壳的保护，遂被捕杀殆尽。不管怎么说，还是有一些多细胞生物跨过了这一道坎，进入到下一个纪元。

2.1.2 第一个盛世——寒武纪

吸取了前寒武纪生物大灭绝的教训，寒武纪的海洋生物进化出了坚硬的外壳和鳞甲以保护自身。另外，寒武纪还是生物史上的宏伟巅峰，现在的所有生物，几乎都能在寒武纪找到出处。地球上呈现一派繁荣的景象，也被称作“寒武纪大爆发”。

化石研究发现，寒武纪出现了种类繁多的海洋生物，有些甚至现在还未揭开身世之谜。

寒武纪中的代表生物应该是三叶虫了。三叶虫是一类生物的统称。科学家发现，寒武纪生物中差不多1/3的生物都属于这一类。已经发现的三叶虫化石就有1.5万种之多，大小在30厘米到显微镜可视不等。三叶虫身体由三个垂直的叶组成，有坚硬的外壳，用节肢在海底爬行，遇到危险会缩成团，用外壳来保护自己。三叶虫是最早进化出眼睛的生物之一，在鱼类还没有统治海洋之前，三叶虫的足迹遍布海洋的每个角落，种类丰富，充分展现了生物多样性。虽然整个三叶虫纲没有逃脱灭绝命运，但却留下了许多化石可供研究。但要说寒武纪的霸主，当属奇虾（意为“不成对的虾”）。奇虾是一种凶猛的肉食动物，有两个有力的前肢，可以轻易地抓住猎物送到嘴中。

另外，在寒武纪，还出现了脊椎动物的前身——匹卡亚虫，有些像长了一些侧鳍的蛇。别小瞧了它！这个蠕虫样的海洋生物背部有根脊索，脊椎就是在此基础上进化来的；也就是说，现存脊椎动物（当然也包括人）的祖先有可能是这个小生物。

说寒武纪是生物史上的第一个盛世，真是一点都不为过。

2.1.3 向陆地进发——奥陶纪与志留纪

奥陶纪出现了最早的真正意义上的脊椎动物，形态有点像它们的祖先——寒武纪出现的匹卡亚虫。脊椎动物在奥陶纪发展起来，不过占统治地位的还是无脊椎动物。奥陶纪是无脊椎动物的天堂。各种珊瑚、海星、海胆、海绵等今天可见的海洋生物都各自悠然自得地活在属于自己的小天地里，多样的生物构成一座古老的“海底花园”。纵使沧海桑田，它们的形态却没有特别大的变化，只不过从过去的生物主导地位到现在的“退居二三线”而已。

另外奥陶纪的生物开始向陆地进发。由于地球板块的运动，一些海洋变成浅滩，植物的祖先——绿藻首当其冲，被迫向苔藓类植物演化。自此，植物就渐渐在陆地上安家落户，并在阳光、水分、大地、空气的滋养下，开始壮大队伍，尽情发展。

地质学家们在研究植物的遗留痕迹时，还惊喜地发现了最古老的陆地动物的足迹。据推测应该是某种节肢动物，是今天昆虫、蜘蛛等的祖先。

到了志留纪，海洋中开始出现鱼类的身影，盾皮鱼（一种原始的有颌鱼）披着骨板，穿梭在海洋的各个角落。海底到处都是体态万千的海百合、珊瑚虫，五光十色的海底可比今天遭受污染的海底要漂亮和绚烂得多。可不要被这片美丽所迷惑，海洋中还有着恐怖的杀手——海蝎子，样子就像 2 米长的龙虾！稍加想象你就能感受到它的恐怖。除了海洋之外，陆地上的植物和无脊椎动物也有着很大的发展。植物已经不满足趴在地上的形态（苔藓、地衣），开始站立起来，“昂首挺胸”（维管植物）。最早的陆生维管植物当属库克逊蕨了。节肢动物的体系成员也不断扩大。陆地生物已经形成了完整的食物链和食物网。

2.1.4 鱼类天堂——泥盆纪

在泥盆纪，鱼类是当之无愧的主角。体型巨大的盾皮鱼在泥盆纪的海洋中处于整个食物链的顶端。有些鱼的体长甚至可以达到5米！早期的鲨鱼已经出现，并且跟4亿年后继续称霸海洋的生物十分相像。有了鲨鱼这个“带头大哥”的领导，鱼类称霸海洋自然没有什么难度。鱼类的发展还有另一种路线，鱼类中出现了一种肉鳍鱼。南非发现的腔棘鱼（没有争议的活化石）就是幸存的一种肉鳍鱼。所谓的肉鳍鱼，就是鱼类的鳍长在身体肉质凸起或是垂肉上。这种肉鳍后来进化成了四肢，与此同时，它们的体内已经进化出了类似于肺的器官，以适应陆地上的生活，这就是最早的两栖类了。

但是，在经过了6 000万年的繁荣之后，又一次生物大灭绝袭来了。大批生物永远消失在了历史的长河中。不过生命顽强不息，用不了多久，就有新生力量补充壮大。

2.1.5 造煤时期——石炭纪和二叠纪

在石炭纪，随着氧气含量的增高，生物新陈代谢能力的提高，生物拥有更大的体型。就连节肢动物蟑螂、蜘蛛也是庞然大物，那时的蜘蛛是可以捕食脊椎动物的！巨大的植物和动物把地球变成了一个巨人王国。一些大的植物可以轻轻松松地长到50米高，也就是今天16层楼的高度！许多森林生长在沼泽地中，在这些高大的植物死亡之后，枝干沉入沼泽之中，随着腐烂植物的不断堆积，形成了黏稠的泥炭层。再经过数百万年的压缩石化，就变成了今天的煤炭。今天作为现代工业推手，促进人类发展的煤炭，竟是3亿年前古老生命的馈赠。除了形成煤的巨大植物之外，地球还生活着许多与今天生物形态相似的个体。

到了二叠纪，地球出现了爬行动物。作为泥盆纪两栖类的延续，爬行类有了很大的发展。有些爬行动物不思进取又返回水中生活，如中龙；而始虚骨龙开始滑翔，虽然飞行距离短，但是在飞。蕨类植物成为陆生植被的主角，封印木、鳞木、芦木等高大乔木状的蕨类植物很是繁盛。

不过地球的环境变得恶劣，火山活动频繁，在二叠纪的末期，生物史上最大的灭绝开始了，九成的生物没有看到下一纪的太阳。地球上到处弥漫着死亡的气息，再次沉寂。

2.1.6　爬虫天下——三叠纪

三叠纪、侏罗纪和白垩纪共同组成了中生代。在三叠纪，爬行动物有了飞跃式的发展，而祖龙是这支生力军的核心力量。祖龙的名字你也许有些陌生，但它的一支，发展成了历史上著名的恐龙。不过先别急，现在先介绍恐龙的祖先——祖龙。三叠纪是祖龙的天下，鹰龙是祖龙中最出名的。鹰龙不会飞，但身上有着坚硬的鳞片，是祖龙中的佼佼者。另外，犬齿类的爬行哺乳动物也生活在三叠纪，它们很可能是以后哺乳动物的祖先。只不过在祖龙横行天下之时没有优势罢了。海洋软体动物和头足动物数量、种类激增。陆地上也首次出现了繁荣的白蚁都市。裸子植物逐渐成为陆生植被的主角，并在中生代最为繁盛，因此中生代被称为“裸子植物时代”。

2.1.7　恐龙盛世——侏罗纪和白垩纪

侏罗纪相信大家都比较熟悉，那是恐龙的乐园。确实，那是一个恐龙称霸的时代。人们对那段历史的了解要比对其他历史时期的了解多得多。著名的恐龙，有肉食性也有素食性，如身长可达 27 米的梁龙，残暴的巨齿龙，头上有头冠的双棘龙，背了一座“小山”、背后有骨片的剑龙，还有会飞行的翼龙……都被人们所熟悉。这时期生物的种类及数量都大幅度增加。个头像乌鸦，下肢发达的始祖鸟展示着翅膀和牙齿，宣示着它可是最古老的鸟类！

到了白垩纪，鸟类（反鸟）激增，恐龙继续强势。被子植物花朵已进化出花瓣和雄蕊，姹紫嫣红，争奇斗艳。奇妙的是，花朵与授粉昆虫蜜蜂、蝴蝶等同时进化。知道吗？今天街边的木兰花在那时已经出现了！

之所以叫白垩纪，是因为 6 500 万年前的海洋生物化石的主要成分是白垩，是一种石灰岩，颗粒细小，我们平时用的粉笔的成分也是白垩。在这一阶段，恐龙种类最多，相貌也最怪异，经历了由巅峰走向灭亡的过程。最著名的当属暴龙，也就是俗称的霸王龙。值得一提的是，这个最后灭绝的体型最大的恐龙前肢短小，后肢只有3个脚趾，所以有科学家认为暴龙不适合快速行动，不以捕猎其他动物为生，而以其他动物吃剩的尸体为食。在白垩纪的末期，一场史上最著名的生物灭绝发生了，70%的生物物种灭绝，恐龙无一逃脱。至于恐龙灭绝的原因，至今还没有定论，有人认为是大规模的火山爆发，有人认为是小行星的撞击，但不管怎么说，恐龙们以自己最不愿意的方式退出了历史的舞台。

2.1.8 生物新纪元——第三纪

第三纪分为5个世，总跨度超过6 300万年。与前面介绍的地质时期相比，第三纪的生物进化速度要快得多。

进入古新世后，哺乳动物开始了第一次大爆发。哺乳动物从白垩纪的大灭绝中幸存下来之后，在古新世赢来了新春。它们体型都不大，生活在茂密的森林里。除了哺乳动物，古新世还出现了许多奇怪的生物。用今天的眼光看，它们更像一些中间体，例如恐鸟，就像恐龙和鸵鸟的中间体，这种食肉的不会飞的鸟类直立可达2米多高。古新世之后，进入始新世。看似有名称的划分，但两者其实没有明确的界限。生物继续高速进化，种类越来越多。

到了距今3 400万年的渐新世，草原的出现让三个胃的长颈驼和反刍动物走上舞台，我们今天熟知的羊、牛等生物也已在享受午后悠闲的阳光了。重要的是，灵长类开始发展，而在中新世，类人猿已经出现了。化石显示，中新世出现的类人猿很可能就是人类的祖先。

在最后的上新世，我们把注意力都放在了人类自身的进化中。现在已经发现了距今约500万年的人猿化石，还有著名的距今300多万年的“露西”。这些化石证据都在告诉我们人类进化的历程。到了170万年前，直立人和匠人的形体已经和现代人比较接近了，并且可以使用简单的工具，人类的进化已经有了轨迹可循。除了可以看到人类的进化史，还可以看到非常多的著名的生物，比如剑齿虎就生活在这一时期，还有和大象一样巨大的巨型树懒等。

2.1.9 冰河世纪——第四纪

180万年前，地球开始变冷，寒冷的天气持续了9万年！这个时期也有它的代表生物，如猛犸象、原牛、海豹、海狮等。与此同时，人类也在继续发展，正如历史课本所描述的，世界各地都陆续出现了原始人的踪迹，脑容量和形体也越来越接近现代人。在冰雪退去之后，地球迎来了温暖的全新世。在这个时期，人类已经开始占据地球的主导权，生物灭绝的原因不再是气候的演变，而是人类的猎杀。同时，人类开始播种、饲养家畜、定居生活，创造出各式各样灿烂的文明。

了解动植物的进化历程后我们不难发现，生命的进化历程是一个从简单到复杂，从低等到高等，由水生到陆生的漫长的演化过程，在这个过程中不能适应环境的物种不断被自然淘汰，新的适应性更强的物种不断出现，环境与生物相互影响，相互作用，终究形成了我们所熟知的生物圈。

以上就是生命有史以来所走过的历程。在读完本节之后，你是否对生命的进化有了直观的认识呢？

2.2 进化途中的“蛛丝马迹”

自地球原始海洋诞生第一批原始生命以来，生物历经极其复杂的进化历程，产生了数以千万计的物种。许多生物虽然在形态、构造、遗传、生理等方面存在明显的差异，但是作为生物在本质上还是有很多共同点的。这就为生物进化的观点补充了很多佐证。这个过程我们不能亲历，但可以通过一些证据去推测、观看。那生物的进化到底有哪些证据呢？

2.2.1 胚胎学证据

我们高中生物学过：所有的高等生物，无论是动物还是植物，个体发育都是由一个细胞——受精卵开始的。这说明什么呢？现在科学界公认的解释是，所有的生物有着共同的单核细胞的原始祖先。之后在内、外因共同的作用下，生物不断出现各种突变，积累多种类型的变异，经历长久的变更形成现今种类繁多、形态各异的生物。但是，同类群的生物间还是存在着大量的共同点。

就胚胎方面来说，1866 年著名学者缪勒和海克尔研究比较了大量脊椎动物的胚胎发育过程后提出，生物在个体的发育过程里重现了其祖先系统发育要经历的主要阶段。例如，鱼、鸡、兔、蝾螈、人在胚胎发育早期的过程是极其相似的，鳃裂和尾部都可清晰分辨（图2－1）。

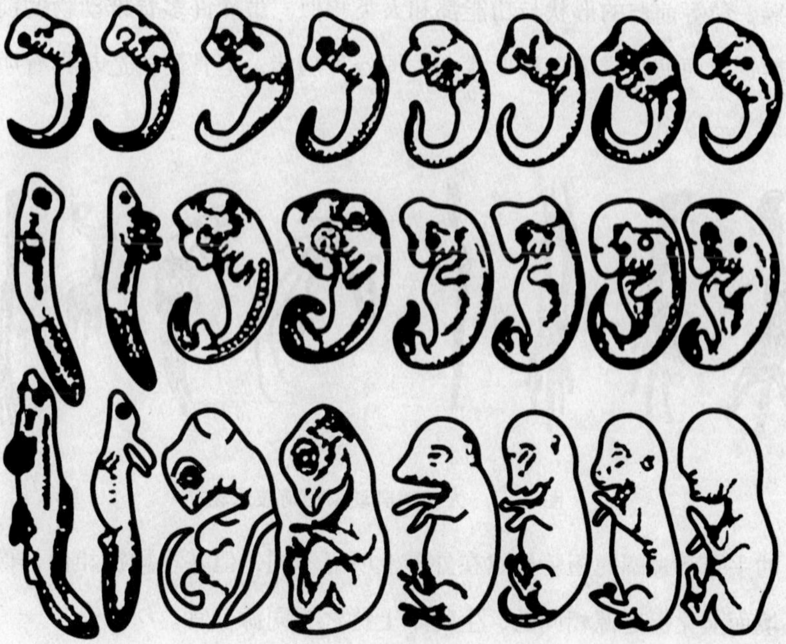

图2－1 脊椎动物的胚胎发育过程

许多动物的生长发育都要经历迂回的过程，如海豚的鳍在胚胎的早期阶段并不存在，陆栖的脊索动物要经历鳃裂阶段等。

由此可见，鱼类是鸟类、爬行类和哺乳类共同的祖先。这便是著名的重演律即生物发生律。生物体的早期发育是了解其演化过程的重要线索。

生物界还有许多类似的情况。藤壶、虾和蟹长相各异，但都属于节肢动物门，它们的幼虫早期都很相似。虾与蟹的发育过程几乎一模一样，不过在胚胎发育的后期，蟹的腹部缩短变小才形成不同的形态。固定生活的藤壶在生长发育过程中也会经历一个可以自由游动的幼虫期，而且它们的幼虫在形态上也几乎没有差别。这些实例无不证明这些生物是由共同的祖先进化而来的。

2.2.2 形态学证据

不管通过怎样的途径，你一定或多或少了解过身边的生物，那你是否发现哺乳动物的前肢尽管形态和功能的差异很大，但在骨骼的基本结构上却是完全相同的。我们都知道蛙类的前肢有四指，与人类的很相似。很多哺乳类动物，尤其是灵长目猴、猿等前肢的形状与功能都和人类相似。虽然许多脊椎动物的前肢因突变和自然选择而演化成了各种形状，发挥各种功能，但骨骼构造却具有明显的同源性（图2-2）。

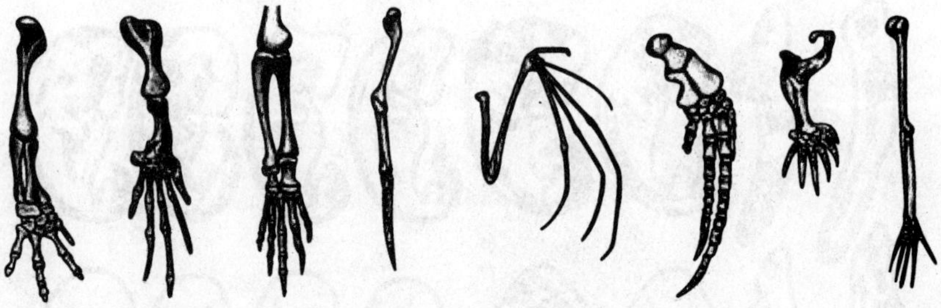

图2-2　人与哺乳动物的前肢比较

人的手臂和蝙蝠的翅膀虽然在外形上明显不同，但基本构造相似，像这种为适应环境而演化但起源相同的，生物学上称之为同源器官。

对于出现这一现象的唯一解释便是这些类群的生物是由同一个祖先进化而来的，而不尽相同正是适应不同的环境而逐渐进化的结果。还有一类被我们称之为痕迹器官的器官，例如现生的鲸体内退化的后肢骨、不会飞的鸟类的翅、寄生性植物体内的叶绿体等，这些构造的存在无不证明了这些生物是由原始的生物进化而来的，而这些遗留的构造便是适应环境的进化结果。

我们知道，现今的真正的骆驼只生活在亚洲和非洲，但在遥远的南美洲却生活着它们的近亲——美洲驼，而北美洲却没有骆驼。这究竟是什么原因呢？唯一的解释便是曾经在北美洲上生活过的骆驼已经灭绝了，当地出土的化石也证明了这一猜测。把这一情况与板块漂移理论相结合我们可以得出结论，骆驼的祖先原生活在广阔的大陆上，但由于地理环境的改变，北美洲的骆驼灭绝了，而其他大陆上的骆驼得以保留下来并演化至今。现如今的骆驼是远古时代的同一祖先演化而来的。

除此之外，岛屿上的生物总是和与之相近的大陆上的生物相似，如马达加斯加岛上的生物很像非洲的生物，以及类似古北区生物的日本生物区系。这些生物由大陆迁移而来，在孤立的状态下演化而成。这些都是地理学为生物演化提供的有力证据。

2.2.3 地质学证据

我们都没有生活在那个恐龙盛行的侏罗纪，为什么我们会知道两亿年前的情形呢？这个答案就是化石，通过化石，复原出生物的形态，进而推至那个时代的一些细节。同时，化石也可以给予我们许多关于生物进化的启示（图2-3）。

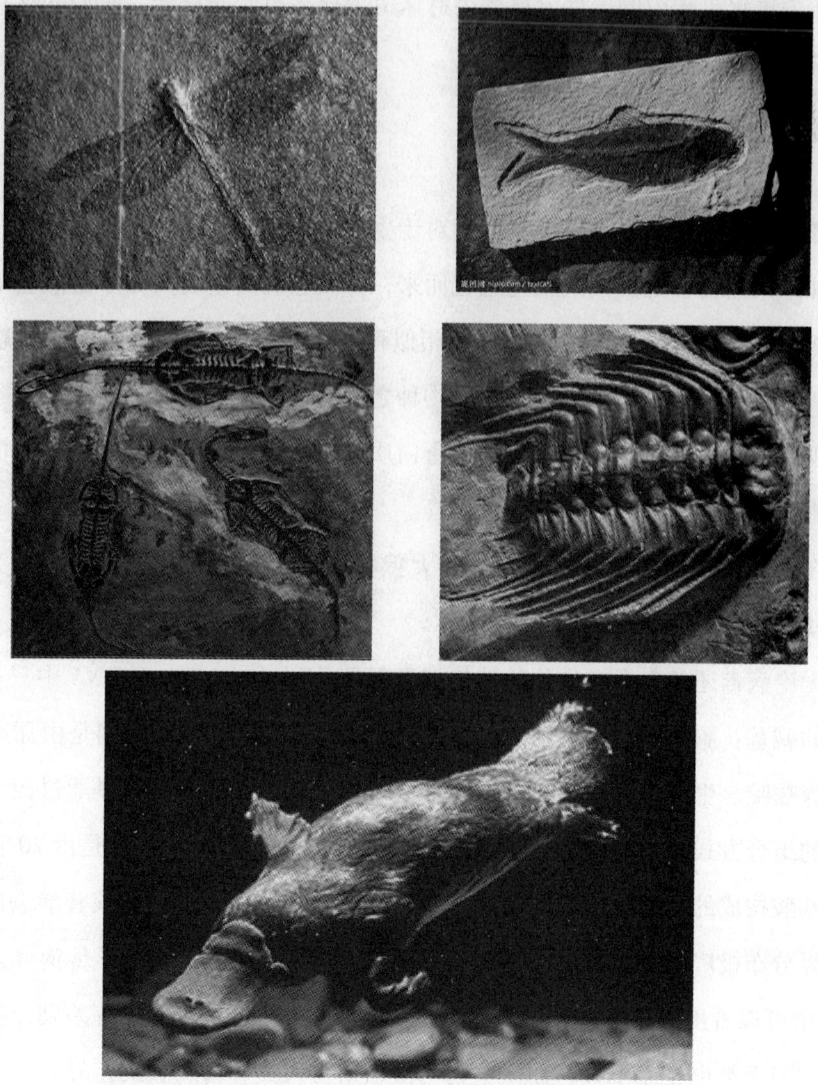

图2-3 古生物化石及还原图

化石这一直接的强有力证据充分说明了生物是逐渐演化的。仔细研究生物化石会发现，原古生物虽与现在的生物有着很大的差异，但如果将它们放入当今的分类体系中它们都还是有类可归的。而且化石越是古老，它们与现存的物种的差异就越大，岩层的距离越接近，出土的化石中的物种的亲缘关系也要更接近些。生物化石在地层中也是以从简单到复杂、从低等到高等、从水生到陆生的规律出现的。

这正好与生物进化的顺序相吻合。同时，银杏、水杉、鸭嘴兽、鳄鱼等活化石，作为进化进程中的一部分古老类群保留了很多祖先的特征。它们的存在更进一步说明了生物是进化而来的。

2.2.4 分子生物学证据

随着现代生物技术的发展，人们对于生物大分子的理解也越来越深。一般来说，如果某些物种是由共同祖先进化而来，那么它们的生物大分子必然会显现出一些相似点。也就是说，生物大分子相似程度越高的生物，其亲缘关系就越近。而比较生物大分子，就可以得知不同物种之间的亲缘关系。

现代对于大分子研究比较多的是蛋白质和核酸。而在对这两种大分子的研究过程中，都有生物进化证据的意外之喜。

在对猩猩的研究中，DNA 显示和大猩猩相比，人类和黑猩猩的血缘关系更近一些。

无论病毒还是人类，生物的遗传信息都是 RNA 和 DNA。而 DNA 中只有四种不同的碱基：胞嘧啶、胸腺嘧啶、腺嘌呤和鸟嘌呤，在 RNA 中则是由尿嘧啶替代胸腺嘧啶。生命世界的进化历程不是通过产生新的遗传物质而是通过改变遗传物质的组合方式来推动向前的。组成机体的无数种蛋白质几乎都是由 20 种相同的氨基酸构成的，而这些不同的氨基酸又都是由种类更为单一的核苷酸编码。在生物界分布极广的细胞色素 C 在生物氧化过程中充当重要的电子传递体。从表 2-1 中可以看出灵长类动物的细胞色素 C 组成和人类的基本没有差别，其余哺乳动物与人类也相差不大，而微生物与植物则与人类有着明显的差异。

你可知道，我们研制的许多药品在临床应用前都会在一系列动物身上实验，如老鼠、兔子、猴子等。许多药物在人类和动物身上取得了类似的效果，说明生物代谢药物的生理过程是一致的或是大致相同的，所有动物体内的代谢过程和产物也是基本相似的。而生命的基础正是蛋白质。另外，用抗原刺激生物体产生抗体，比较抗体的差异，会发现生物的亲缘关系越近抗体的差异度越小。由此还可以推断出不同的生物的起源时间。

表 2－1 细胞色素 C 的组成差异

生物名称	黑猩猩	猴	马	鸡	金枪鱼	小麦	酵母菌
与人细胞色素 C 的组成差异数	0	1	12	13	21	35	44

无数的生物例证和各种生物研究实验结果都得到同一个结论：同一类生物拥有共同的祖先，现今的所有生物都是由某种原始的生命演化而来的；与此同时，生物也并非是一成不变的，生物在长久的进化历程中不断从原始生命中产生分化，最终造就了现今如此繁盛的生命世界。

2.3 生命演化的重要学说

说起进化，人们都不陌生，但能把进化论说得明明白白的就没几个人了。进化论从科学的角度阐述了生命的起源和过程，也是几个世纪以来研究者们共同努力总结出的有关生命演化的重要学说，对科技发展起到了无可估量的推动作用。

2.3.1 早期进化论

曾任法国皇家植物园园长的法国博物学家布丰被认为是敢于提出物种可变的第一人。他提倡生物的转变论，认为生物变异基于环境影响。这一观点的提出在与“神创论”和“物种不变论”的斗争中起到了积极的作用。另一位著名的法国博物学家拉马克是科学进化论的创始人。他在《无脊椎动物的系统》中首次提出了不是很明确的生物进化观点，之后在《动物学哲学》一书中较详尽地提出了生物进化学说的关键点。他认为生命是可以由非生命物质不断产生的，物种因环境和其他相关条件的变化而逐渐发展，并通过是否使用来影响器官的变化，进而产生新的器官，也就是我们所熟知的“用进废退”和“获得性遗传”这两条法则。

图2-4 拉马克

举个例子来解释一下“用进废退”。例如，我们的牙齿，我们经常用臼齿和犬齿来咀嚼撕咬食物，所以它们就可能经久不衰。但我们的智齿就因为不经常使用而逐渐退化成为痕迹器官。而“获得性遗传”则从实质上很好地解释了“用进废退”法则。拉马克的生物进化学说给当时居统治地位的生物不变论和神创论以沉重的打击，但法则还存在一个明显的缺陷：生物发展、获得更完善的技能是通过何种物质，又是以何种途径遗传给后代的呢？这是一个仍有争议的观点，当今的拉马克主义者依旧在探索。

图2-5 华莱士

还有一位英国的博物学家华莱士根据丰富的第一手资料提出的“特创论”是我们不得不提的。这一观点提出生物是受环境的选择压力不断发生变化的。之后华莱士将他的主要观点写成了《论变种无限偏离原始类型的倾向》一文。达尔文看后惊叹华莱士的想法与自己的是如此一致。但华莱士对人类如此完美的进化深感疑惑，认为必有超自然的神秘力量干预而为上帝创造人类的观点留下了空间。

2.3.2 达尔文进化论

1859年，达尔文出版了划时代巨著《物种起源》，以浅显易懂的语言阐述了自然选择学说，标志着科学进化论的诞生。在《物种起源》中，他引用现存的或化石物种和个体为证，并不仅仅是停留在证据本身，而是从更深层提出假说去解释这些现象的内在联系。达尔文的进化论主要包括以下几个方面：

1）生物们拥有共同的祖先。虽然我们身处如此丰富多彩、形态万千的生物世界，但我们不得不承认这些千姿百态的生物是拥有共同的祖先的。

2）生物的繁衍总是不断地伴随着变异，一眼可见或不易察觉，但这些变异

图 2－6　达尔文与《物种起源》

总是在发生着。而这些变异中有好有坏，有些不好不坏，有些能遗传给后代，有的则不能。

3）随着时间的流逝，各种变异不断积累，渐渐地同种生物间开始有所不同，最终导致新物种的产生。只是，新物种若想从原物种中脱离则只有在中间物种灭亡以后。

4）大多数生物都拥有相当强大的繁殖能力，这是自然选择的结果。生物的生存必须依赖外界环境，自然资源间的竞争无法避免。同种生物所利用的资源基本相同，竞争自然异常激烈。

5）自然界是生物竞争过程里的总裁判，它审视、挑剔着生物的各种变异。与之相适应的保留下来，与之相悖的则被淘汰。久而久之生物必然都与环境相适应。物竞天择，适者生存。

达尔文用大量的事实以及严密的论证证明了生物物种是由简单物种发展进化而来，从动态发展的角度说明生命世界的内在联系与统一。达尔文的生物进化论已经创立 150 多年了，初期，只是作为一种假说提出，除了达尔文从对一些植物、动物形态的观察得出的推论外，并没有什么确凿的化石证据。达尔文在《物种起源》一书提及化石时，将之称为“不完美的地质记录”。他承认在当时的化石研究过程中并未有证据显示有物种间过渡类型的存在，并指明这可能是最简单的可以用于检验和最具有杀伤力的反对进化论的理由。

达尔文看到了进化论的不足，并非常希望后人可以将其验证。时至今日，进化论显然已成为一个公理。在当今的任何一本有关生物学的杂志上，都已然找不出任何有关质疑进化论的文章了。有学者在 20 世纪 80 年代初期检索了当时 4 000 多种学术刊物，竟未发现任何一篇有关反进化论的文章。在 68 种有关生物起源的学术期刊中，也竟未发现任何一篇文章是质疑进化论的。美国华盛顿大学的吉尔克里斯特于 1997 年对世界上最大的 5 种学术期刊数据进行了索引，也未发现任何反进化论或非进化论的文章。此时此刻进化论者可以自豪地宣称，进化论已经完全战胜了神创论，取得了彻底的胜利。进化论的合理性似乎又一次得到了完美的证明。

但是事实真的是这样吗？进化论已经是完美到绝对的真理了吗？其实不然，进化论并非意义上的“经验科学”，而仅仅是一个假说，是信仰和并不完美的证据的杂合体。由于时代的局限性，科学家的观点难免会有缺陷，达尔文的生物进化论也存在着明显的不足。正如我们所知道的，生物的繁殖能力很强，但是并不是所有的后代都可以存活下来。这些数量众多的后代有很大一部分在未成年之时就被自然选择淘汰了。所以达尔文的进化论中有关生物普遍生殖过剩的说法是站不住脚的。还有新物种是原物种经过一步步演化而来的，这中间的过程自然会产生许多过渡型物种，并在自然界中扮演着一定的角色。达尔文认为只有当这些过渡型物种灭绝后新的物种才算诞生，其实不然。现在我们知道，当新的物种与原物种产生生殖隔离后，新的物种就算真正诞生了，而不必等到中间物种的灭亡，就像作为从爬行类进化到鸟类的中间物种的始祖鸟。始祖鸟化石的出土有力地证明了这一点。

正如达尔文自己讲的那样，他对于遗传学方面的知识并不了解，所以他的进化论中并没有从遗传的角度来论述生物由进化而来这一观点。荷兰植物学家德弗里斯在 20 世纪初期根据观察月见草属植物的变异情况提出突变论，这一观点认为物种是由突变产生的而非渐变。这一观点在当时得到了许多遗传学家的支持。一些拉马克学说的追随者虽摒弃了拉马克学说的内在意志，但仍坚持后天获得性遗传，并认为后天获得的遗传是生物进化的主要因素。20 世纪 50 年代，在苏联为李森科所称赞的米丘林学说，认为生物在其所处环境的直接影响下能够产生定向的变异并能获得能够遗传性状。所有的这些观点被我们称为“新拉马克主义”。

1883 年德国动物学家魏斯曼用实验证明了获得性遗传的错误性，并强调了自然选择才是推动生物进化的主要动力，而他的看法被后人称之为“新达尔文主义”。他于1885年提出了有名的“种质连续学说”。魏斯曼在自然选择进化、遗传的物质基础和生物发育的机制等理论方面的研究上取得了很大的成就。魏斯曼详细分析了当时自己对细胞结构以及生物生殖方面的一些认识，特别是分析对水螅、红虫和水母等生物所作研究的结果后，发现在这些生物胚胎发育的早期，后来用于生殖的细胞经过前几次分裂后就不再与生物体内的其他细胞发生联系。也就是说这些将来的生殖细胞被排除在外了，没有任何途径可以将其余部分对机体的影响传递到这些未来生殖细胞的细胞核里。直至生殖的过程开始，这些细胞才重新活跃起来。魏斯曼认为有关生殖的细胞（种质细胞）与生物体内的其他细胞（体质细胞）在一开始是分开的，所以体细胞（体质）中发生的任何情况都不会影响到生殖细胞和它们的细胞核（种质），这便是魏斯曼“种质连续学说”的主要内容。概括而言，即是：种质细胞是连续的，是代代相传的，并且它始终与体质细胞呈分离的状态；体质细胞则是不连续的，前一代的种质细胞衍生出后一代的体质细胞，体质细胞仅仅是为了保护和协助种质繁殖自身。

魏斯曼通过“种质连续学说”，否定了性状的获得性遗传这一观点，同时也否定了“泛生子学说”。与此同时，魏斯曼接受并继承了达尔文进化论的主要观点，并非常坚持强调自然选择的重要作用。因此，基于魏斯曼的种质连续理论的进化学说又被称为“新达尔文主义”。但是由于当时人们对遗传物质的本质并不十分清楚，对遗传变异和进化之间的关系的探索才刚刚起步，再加上达尔文的学说和孟德尔（奥地利遗传学家）的理论似乎有不少矛盾的地方，因此，在一段时期内孟德尔遗传学说的发展导致了达尔文主义的衰落。孟德尔的遗传定律说明，遗传物质和遗传信息的传递是有规律可循的，而摩尔根（美国遗传学家）则进一步将基因定位并发现了突变是广泛存在的。这在一定程度上是对自然选择作用的否定，但实质上却是将基因重组与突变视作产生遗传与变异的根源和进化的机制。伴随着群体遗传学的发展，20世纪30年代，科学家们已经可以将自然选择与产生遗传变异的主要原因和群体遗传学的主要内容联系起来，多基因遗传的确认是达尔文主义与孟德尔遗传学统一的一个关键性的突破，综合进化论应运而生。

2.3.3 现代综合进化论

20 世纪三四十年代，一批包括古生物学家、遗传学家、生物统计学家、分类学家等的达尔文主义者，总结归纳了生物学各个学科领域的成就，考虑众多进化因素，建立起了基于自然选择、渐进化和种群思想，符合已知的遗传学机制且考虑到外在环境因素的进化理论——现代综合进化论。

1900 年孟德尔遗传定律被重新发现，这对于弥补达尔文学说的缺陷本是个很好的契机，但是由于荷兰学者弗里斯发表的“突变论”反对达尔文的渐变进化论，许多学者（包括当时一些著名遗传学家）都对达尔文学说产生了怀疑，在客观上要求对进化的机制进行更深入的研究。20 世纪二三十年代，苏联学者切特维里科夫，英国学者费希尔、霍尔登和美国学者赖特等人创立了群体遗传学。他们的研究表明了群体中一般都隐藏了大量的遗传变异，进化的速度与方向是由自然选择决定的。苏联生物学家杜布赞斯基根据自己进行的野外观察和对细胞遗传学的研究，将自然选择学说与现代遗传学有机结合起来，创立了综合进化论。之后，美国学者斯特宾斯在植物学方面，美国学者迈尔在物种概念方面，德国学者伦许在动物学方面，美国学者辛普森在古生物学方面都分别论述了一些进化的相关机制，继而加强和发展了现代综合进化论，使它很快就被多数生物学家所接受，成为当代进化的主流学说。

综合进化论的大致观点如下：

1）基因的随机突变和染色体的交换与重组是生物种群中变异产生和维持的基本要素。

2）种群的进化受各种因素尤其是自然选择的影响，特征表现为种群基因频率的变化。

3）在长期进化的过程中，微小的但具有适应性的变异能够在种群中逐渐积累下来。

4）被地理环境所隔离的种群的遗传分化会不断增大，逐步导致物种分化以及生殖隔离的产生，从而产生新的物种。

5）与新物种的产生机制相似，在自然的选择作用下，逐步积累下来的分化会导致新的分类单元的产生。

综合论提出了生物学物种定义。它强调群体，以种群作为进化的基本单位，对于进化的研究属于群体遗传学。认为基因突变、自然选择和生殖隔离的产生是新物种生成和生物进化的三个必不可少的环节。认为进化是随机产生的可遗传变异适应环境后不断积累而来的，有利的变异不断增强，有害的变异为自然所淘汰。现代综合进化论继承和发展了达尔文的进化学说，将遗传学与进化论相统一。不过现代综合进化论虽然取得了相当不错的成就，但有关获得性遗传的争论并没有消失。20 世纪末期，获得性遗传在免疫学中得到了初步验证，才重新提出了获得性遗传的可能性。

2.3.4 中性进化学说

1968 年，日本遗传学家木村资生根据相关材料提出了分子进化中性学说（简称中性学说）。这一学说认为在分子水平上，物种内的大多数变异和大多数的进化不是由自然选择造成的，而是由于那些在选择上中性或近乎中性的突变基随机漂变而引起的，它反对现代综合进化论中认为自然选择万能的观点。

1972 年 N. 埃尔德雷奇和 S. J. 古尔德共同提出的“间断平衡”的进化模式解释了古生物进化中明显的跳跃性和不连续性。他们反对现代达尔文主义的唯渐进进化观点，认为在自然选择作用的种以下的渐进进化模式不能解释种以上的分类单元的起源。

自然选择是对于表现型的选择，选择对象是那些对生物的生存繁衍有一定影响的表现型。若不影响这些，那么选择对于它们的作用将是有限的。大量的事实也证明，多数 DNA 的突变是中性的，不会影响蛋白质、核酸等生物大分子的功能，也不会对生物的生存有利或者有害，比如密码子的替换。

中性学说解释了分子水平进化规律上的一些事实，说明了自然选择在分子水平上不起作用。分子进化是偶然的、随机的。宏观表现型上所观察到的进化规律，并不适用于基因水平或分子水平。这样一来似乎否定了自然选择。但是一些进化论的学者提出了不同的看法。他们认为中性基因突变所引起的进化是存在的，但这些进化并没有否定自然选择的原理。

《物种起源》中提到，“那些无利也无害的变异，将不受自然选择作用的影响”。中性学说可以将其视为对整个理论体系的补充丰富，将变异的含义扩展为有利突变、中性突变、有害突变三种。还有学者认为一些表面看起来是中性的突变，实质上可能是一种潜在的有利突变，是一种对遗传进行调控的稳定机制。况且，进化最终表现在宏观表现型上，不能将微观与宏观分离开来。基因水平的突变必须通过宏观表现型表现出来，再经过自然选择保留下来。

因此中性学说与进化论不矛盾。有些突变无疑是真正严格的中性突变，这种突变无论在任何情况下都不会对生物的生存造成影响。有些突变对生物会有一些很小的影响，自然选择仍旧起不了什么作用，起作用的仍旧是机会，基因的丢失或保留是随机的。

还有一种情况是有些中性突变在条件改变后不再是中性的，变为有利或有害的突变。例如，人体自身无法合成维生素 C。但在陆地上，人们可通过食用蔬菜、水果从而获取所需的维生素 C，因而我们可以认为无法合成维生素 C 这一性状是一个中性突变。但在长期的远洋航行中，蔬菜、水果的供应量不足，人们会患上坏血症。这种情况下，不能合成维生素 C 就不像是中性突变了。所以，当环境条件合适时，一些有害突变也可以表现为中性突变。但一旦条件发生改变，一些被认为是中性的突变也会有不利的表现。

替换人的血红蛋白分子 β－链上大多数的氨基酸都不会影响血红蛋白的功能。可见，决定这些氨基酸结构基因的突变都是不受选择的中性突变，都可经过遗传漂变随机地被保留下来。但是如果血红蛋白 β－链上的第六位的氨基酸，即谷氨酸被缬氨酸所替换，血液中就会出现不能运输氧分子的镰刀形红细胞。如果是突变纯合子，则所有红细胞都将变成镰刀形，突变患者不到成年就会死亡。可见这种突变在自然选择的压力下是要被淘汰的。但在疟疾流行区域，带有这种突变基因（杂合子）的人很多，频率也相当稳定，这是因为杂合子对疟疾具有较强的抵抗能力，所以比不带这一突变基因的个体对疟疾有更强的适应性和抵抗力。对于这一基因突变被保留的原因显然用自然选择来解释最为合理，而用遗传漂变就很难解释了。

中性学说的提出者木村资生强调遗传漂变的重要作用，但他也未曾否认选择的作用，他承认行为、形态以及生态性状，即所谓的生物的表现型是在自然选择下进化的。我们与其说中性学说是反达尔文主义的，倒不如说是在现代生物科学发展的基础上，对达尔文主义进行的补充和发展。

2.3.5 间断平衡论

间断平衡论是在古生物学研究基础上提出的一个进化学说，从 1972 年被美国古生物学家古尔德和埃尔德雷奇提出后，在欧美广为流传。这一观点认为新物种只能以线系分支的方式产生，并只能以跳跃的方式快速形成；一旦新的物种形成就处于保守、进化停滞的状态，直至下一次物种生成事件发生之前，在表现型上都不会发生明显的变化；进化不是连续的，是跳跃与停滞相间隔的，生命不存在平滑、匀速、渐变的进化。它与传统的进化论有三个明显的区别：

1）传统进化论学说强调的是物种在自然选择调控下的逐渐演变过程；而间断平衡论则认为进化是突变与渐变相结合的后果。它强调大多数物种的形成是在从地质角度上可忽略的很短的时间内完成的，这个迅速的进化过程叫物种的形成。物种形成后，在自然选择的作用下发生的一系列十分缓慢的变异，叫线系渐变。

2）传统的进化论将进化量（生物种系在一段确切时间内的性状演变量的总和）视为渐进变异缓慢积累的总和，认为线系渐变是进化的主流；但间断平衡论则认为虽然渐进过程也可造成变异，并积累变异形成新物种，但渐变在总变异量中只占极小的一部分，而种形成才是进化的主流。

3）间断平衡论强调了变异的随机性以及地理隔离对物种形成的必要性。它认为形成新物种的物质基础是个体的突变，且突变是无定向的。只要对适应环境无害（中性），就有可能闯过自然选择这一关从而有可能产生新的物种。它又强调，大多数新物种是从亲代地理分区边缘上的被隔离出来的孤立小种群中形成的，在这孤立的种群中产生的突变，不至于因基因的交流而失去特性，虽然其中多数会被淘汰，但少数仍能被选择进而保留下来形成新物种。

中性论、综合进化论、间断平衡论三者争论的焦点主要在于表现型的进化到底是间断平衡式的还是渐变式的。实际上是他们对于进化速率的认识有所不同罢了。中性论的进化速率太规律了，综合进化论认为进化有一定的规律，但间断平衡论认为进化速率并不呈现综合进化论所说的规律性。

经过百年争论与检验，现在大多数的生物学家都承认自然选择不仅是种内进化的推动力，而且在新物种形成的过程中也同样重要。

随着人们对进化论的日渐了解，医疗保健、法医、生态学等领域先进科技蓬勃发展。就像热播的美国电视剧《犯罪现场调查》中描述的一样，执法机关普遍使用进化分析技术来调查案件。随着各学科的发展，进化论也不断地被充实、完善。

生命在漫长的旅途中不可避免地留下一些蛛丝马迹。依迹而寻，我们依稀看到了生命由简单到复杂、由低等到高等、由水生到陆生逐步进化而来，最终走向了今天的繁盛。在这条探索之路上，无数的科学家洒下了辛勤的汗水，倾尽了心血和智慧。随着科学技术的发展，越来越多的证据被发现从而验证着生命历程的足迹，但仍有许多未解之谜需要我们去探知、解释。

3　生命的组成

如果说人类“目光短浅”，似乎一点也不为过。鹰眼能在两三千米的高空发现地面上的小动物，蜂鸟能看到人类看不到的光，猫头鹰的眼在夜晚能明察秋毫，鸽子可以分辨出数百万种不同的色彩……而一个物体的尺寸小于0.1毫米，人类就察觉不到了。人对世界的认识受到了自身感官的限制。可因为好奇心的驱使，人类借助不断完善的提高视力的工具，慢慢地看到了一个我们一直“视而不见”的世界。对于生命，我们不断有着新的发现。

3.1　生命的基本单位——细胞

显微镜的发明让人类有机会细致入微地了解生命个体，发现了组成生命体的基本单位——细胞。

3.1.1　细胞的发现——显微镜下的世界

显微镜的发明为我们打开了通往微观世界的大门。最早的显微镜是单式显微镜，其实就是我们常见的放大镜。远在公元1世纪，就有古罗马学者观察到装有水的水晶器皿可以将书本上的字母放大，据说古罗马皇帝尼罗就喜欢在观看比赛或表演时把翡翠或宝石放在眼前以便使自己看得更清楚。在13世纪的英国，有一位叫作格罗斯泰斯特的主教指导他的学生设计并制造出了最初的可以改进视力的眼镜。那时候即使是最好的凸透镜也只能把物体放大20倍左右。一般认为在16世纪末才出现第一架真正意义上的显微镜，它是由一片凸透镜和一片凹透镜进行重叠组合而成的。与单式显微镜相对应的，我们把它称为复式显微镜。与一般的发明不同，它们并不是诞生在某位伟大的科学家手中，而是与荷兰眼镜制作商密不可分，只是当时工艺较粗糙，并没有用于科学研究。

由于荷兰眼镜制作商的启示，许多人开始自制显微镜，英国物理学家罗伯特・虎克便是第一个制作出高质量复式显微镜的人（图3－1）。1665年的一天，虎克正忙于如何阐明软木轻而具有弹性和疏水性的特点。他从一块栎木的壶塞上切下一片光滑的薄片，然后放到他自制的显微镜下观察，模模糊糊地看见了许多小的孔洞，于是他在白色的切片下方衬上一块黑色木板，再将一个凸透镜投射的光聚在上面，便清楚地看见软木薄片上布满了像蜂窝一样的小格子，就好像教士们居住的一个个封闭的小隔间一样，于是便借用拉丁文cellar（小室）这个词来形容他所观察到的小格子，后来英文便使用cell一词，中文翻译为我们现在所熟知的“细胞”。

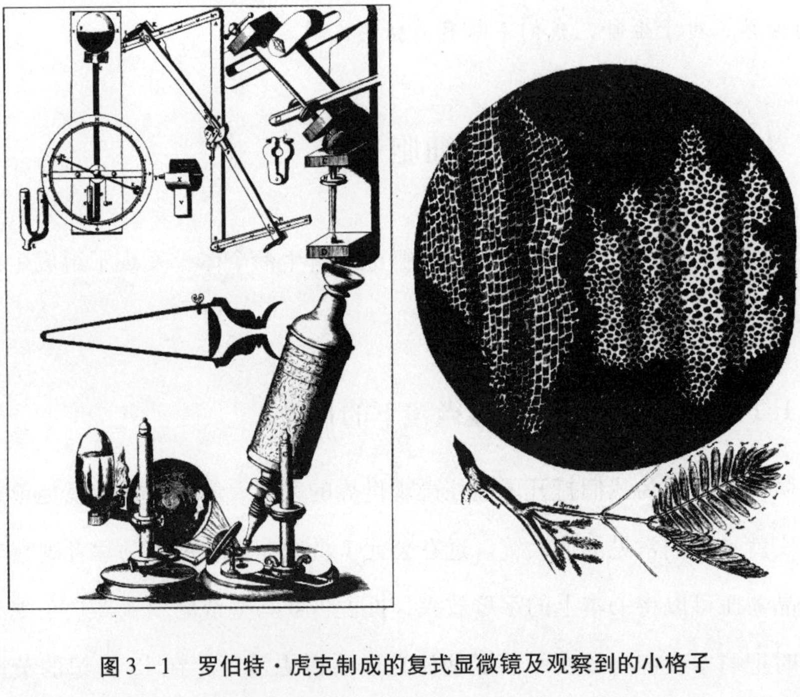

图3－1　罗伯特・虎克制成的复式显微镜及观察到的小格子

两年后，罗伯特・虎克将自己在显微镜下的观察结果整理成册并出版，命名为《显微图谱》，这本书中包括58幅图画，在没有照相机的情况下，这些图画全都是虎克用手绘制的显微镜下的景象。在这本书中，虎克第一次对他所发现的“细胞”进行了描述。事实上，当时虎克所观察到的只是死去的植物细胞的纤维质细胞壁，如果把细胞看作一个小隔间的话，虎克所观察到的只是这个小隔间的四堵墙。但是，我们仍然认为是罗伯特·虎克在 1665 年发现了细胞，没有他也就不会有以后细胞学的发展。

同时期的荷兰学者列文虎克也很擅长自制显微镜，在他的一生中，共磨制了 400 多个透镜，其中的一个简单的显微镜，其放大率就可以达到 270 倍之多。他对显微镜下的微观世界兴趣浓厚，并具有细致入微的观察能力。在有一次“寻找辣椒中的辣成分”的实验中，不知道列文虎克是有意的还是忘记了，竟然把一小片辣椒泡了三个星期，当列文虎克取出一滴浸泡出的液体在显微镜下进行观察时，却看到了许许多多在水里忙忙碌碌跑来跑去的“小动物粒”。通过计算之后，他得出结论：一粒沙子大小的空间可以容得下一亿个这样的“小动物粒”。从他的这句话中，我们不仅可以看出列文虎克懂得体积的计算方法以及简单的乘除法，而且可以推断他看到的就是细菌。除此之外，列文虎克还把他的观察对象拓展到了动植物、矿物、唾液、火药等，这使他成为第一个用放大镜看到细菌和原生动物的人，也是第一个看到活细胞的人。

来自荷兰代尔夫特市的一个酿酒工人家庭的列文虎克没有接受过正规的教育，也缺乏系统的科学训练，这使得他所描述的内容局限于观察到的一些事实，而没能上升到理论高度，但他对显微镜下微观世界的细致观察和精确描述对细胞学的发现和发展起到了奠基作用。

1671 年，意大利的生理学家马尔皮基和英国的植物学家格鲁注意到了植物活细胞中存在着黏稠的物质，并把它称为“黏质”，也就是我们现在认识的细胞质，但并不知道这就是细胞的主要成分。1831 年，英国植物学家罗伯特·布朗使用一台放大倍数约为 300 的显微镜观察从澳大利亚收集来的兰科植物叶片时，发现植物活细胞内有一个结构是由特别稠密的物质构成的，称之为“细胞核”，并认为细胞核是细胞的组成成分，这一发现也为细胞学说的创立做出了一定的贡献。这个时候已经有人注意到植物和动物在结构上存在着某种一致性，它们都是由细胞组成的，而且对单细胞生物的构造和生活也有了一定的认识。此后对细胞的观察资料虽然不断增加，但在很长一段时间里，对细胞的认识及细胞与机体的关系没有得到科学的概括，也没有上升到具有普遍指导意义的理论高度，直到

1838～1839年施莱登和施旺提出细胞学说。

3.1.2 细胞学说

正如牛顿所说的：如果说我比别人看得更远些，那是因为我站在了巨人的肩膀上。许多科学理论的提出都是建立在前人的观察和发现之上的，细胞学说也不例外，正是有了前人对细胞的大量的观察资料，才促使了施莱登与施旺在1838～1839年提出细胞学说。

图3－2 施莱登与施旺

施莱登1804年出生于德国汉堡的一个医生家庭，他大学时主修法律学并取得了博士学位，毕业后在他的家乡当了几年律师，也许是当年律师行业竞争太激烈或者太不景气，施莱登的律师生涯十分失败，有一天竟用枪对准了自己的额头。被救了过来的施莱登再也不愿意踏进律师事务所半步，在1833年他将自己的精神寄托转向自然科学并在1835年进入柏林大学学习植物学。机缘巧合，他遇见了逗留在德国的布朗，也就是发现植物细胞中细胞核的英国植物学家。布朗和施莱登的叔父是好朋友，所以很关心施莱登。布朗向施莱登讲解了自己发现的细胞核，并希望施莱登能进行植物细胞学的研究，这对施莱登此后的研究方向起到了决定性的影响，他开始痴迷于用显微镜观察植物的结构组织。1838年，施莱登根据自己的观察结果结合前人的思考，得出了以下结论：任何植物体，无论是简单还是复杂，无论是高等还是低等，其基本组成单位都是细胞，最简单的植物可以由一个细胞组成，而高等植物则是由各种形态不同、功能各异的细胞组成的集合体。施莱登将他的这些观点整理出来发表了一篇名为《植物发生论》的文章，这也是细胞学说即将被提出的前奏。

仅仅有了对植物的研究还不足以概括细胞在整个生物界的作用，上帝也没有让施莱登孤独。在一次偶然的聚会中，施莱登遇见了小自己六岁的施旺。施旺是柏林大学的医学博士，据施旺后来回忆说："那一天，我和施莱登一起用餐时，这位著名的植物学家向我描述，在植物细胞的发生中细胞核起着很重要的作用。我马上想起自己曾在脊索细胞中看见过同样的'器官'。也就是在这一瞬间，我想到如果我能够证明脊索细胞中的细胞核在动物细胞发生中的作用与植物细胞核在植物细胞的发生中的作用相同的话，这将是个极为重要的发现。"从聚会回来之后，施旺没有耽搁，立即就开始着手证明动物细胞中细胞核的存在。在当时，观察动物细胞的结构要比植物细胞困难许多，因为有些动物细胞非常小，而且通常是透明的。尽管如此，得益于新引进的消色差显微镜的帮助，他成功地证明了在众多动物的细胞中，都存在着细胞核的身影。1839 年，施旺发表了《动植物的结构和生长一致性的显微研究》的论文，指出了动物体和植物体一样，都是细胞的集合体。

于是，施莱登和施旺共同提出了具有重大意义的细胞学说。其主要内容是：一切动物和植物都是由细胞组成的，细胞是一切动植物体的基本单位；各种细胞组成有机体，就好像一座座房子组成一个城市，细胞作为一个独立的单位，既有它自己的"生命"，又和其他细胞一起协调有序地组成整个生命体；新的细胞是由已存在的细胞繁殖产生的。细胞学说是人们第一次对细胞进行理论性的概括，它对细胞及其功能有了一个明确的定义，阐明了植物和动物具有同样的生命本质，让人们在更准确的层面上认识了生物界。恩格斯把细胞学说、能量转化与守恒定律和达尔文的进化论放在一起，称为 19 世纪自然科学的"三大发现"。

细胞学说一经提出，迅速推广到许多领域的研究，这一学说在提出初期所存在的许多纰漏也得到了修正与充实，如施莱登曾经认为，细胞的繁殖是老细胞的细胞核不断增大，直到某一最大尺寸，在细胞核周围就会出现一个细微的透明泡囊，也就是新细胞的雏形，然后老细胞崩解，将新细胞释放出来。这种看法到 1840 年即被一系列学者的研究所修正，认识到细胞的繁殖是通过某种形式的分裂完成的，尤其是德国医生和病理学家魏尔肖于1858年指出，“细胞只能来自细胞”，“正如动物只能来源动物，植物只能来源于植物一样”。此外，他还提出机体之所以会生病都是基于细胞的损伤。魏尔肖关于细胞来自细胞的观点，进一步指明了细胞作为一个相对独立的生命活动基本单位的性质，通常被认为是对细胞学说的重要补充。因此，有些人认为细胞学说应该是在1858年才最后完成的。

现在的细胞学说通常被认为包括以下内容：

1）细胞是有机体，一切动植物都是由单细胞发育而来，即生物是由细胞和细胞的产物所构成。

2）所有细胞在结构和组成上基本相似。

3）新细胞是由已存在的细胞分裂而来。

4）生物的疾病是因为其细胞机能失常。

5）细胞是生物体结构和功能的基本单位。

6）生物体是通过细胞的活动来反映其功能的。

7）细胞是一个相对独立的单位，既有它自己的生命，又对与其他细胞共同组成的整体的生命起作用。

8）新的细胞可以由老的细胞产生。

3.1.3 走近细胞

从简单的放大镜到现在精细的电子显微镜，细胞已经渐渐被我们揭开它神秘的面纱。历数前人对细胞的概念的理解，大致有以下几种：细胞是有机体形态结构的基本单位；细胞是形态与生理的基本单位；细胞是组成有机体的结构与功能的单位等。这些说法就好像几个盲人一起摸大象一样，从各个角度对细胞的描述。将各位“盲人”的描述综合起来，现在我们的普遍理解是：细胞是生命活动的基本单位。那些很少有机会接触显微镜的人，也许会问：细胞小得看不见摸不着，它在生命活动当中是如何发挥着重要而基础的作用的?

世界上所有生命的基本组成单位都是细胞，只有病毒是非细胞形态的生命体，但是病毒必须寄居在活细胞中才能表现出生命的特征，所以我们仍然可以认为一切有机体都是由细胞组成的。单细胞生物仅仅由一个细胞组成；对于多细胞生物，根据其复杂程度的差异，可以由数百乃至上亿的细胞构成。据统计，一个成年人的身体大概由 10^{14} 个细胞构成，在一滴血液中就有大约 2 亿个红细胞。我们可以看到植物的根、枝干、叶和花具有不同的形态，也可以看到我们的头发、皮肤、血液有很大的不同，自然可以联想到组成它们的细胞也是不相同的。事实确实如此，对人类来说，虽然整个人体都是由一个卵细胞发育而来，但人体内有 200 多种不同类型的细胞，根据分化程度又可分为 600 多种，这么多种细胞各有分工，互相协作组成了我们的身体。

细胞在执行代谢与功能时是相互独立而有序的。将细胞放在试管中培养，只要我们给予它足够的条件，它就会产生相应的产物，细胞在生命体中的情况则完全不同，这时候细胞就好像具备着最严密的逻辑，什么时候该干什么，不该干什么，全部都是严格有序的。虽然我们现在的认识还不足以解释这一现象，但我们完全可以相信即使是最简单的一个细胞，也比现在设计出的任何计算机控制的智能机都要精巧。

一粒种子之所以会萌发长成参天大树，我们之所以会从一个孩子慢慢长大，这都与细胞的分裂和分化分不开。最开始的一粒细胞，经过细胞分裂，细胞体积的增长，细胞分化成各种组织和器官，细胞衰老与凋亡完成整个生命历程。即使这一切的发生机制仍像水中月、雾中花一样朦朦胧胧，细胞作为有机体生长和发育的基础的结论是毋庸置疑的。

从植物体的任意组织处取一个细胞，可以是根，可以是叶，放在合适的条件下培养，我们会发现这一个细胞竟然可以成长为一株完整的植物！从动物组织中分散出的单个细胞虽然不能像植物细胞那样被诱导分化为完整个体，却也可以在体外生长增殖。这是因为，在任意一个细胞中，都含有全部的遗传信息，细胞作为构成有机体的小小单位，却同时也是一个小小的王国，它可以作为独立的生命单位。近年来，哺乳动物的体细胞克隆实验将细胞全能性的研究推向新的高潮。可以概括地说，细胞是遗传的基本单位，具有遗传的全能性，即每一个细胞都有发育为完整个体的潜力。

细胞作为一个生命单位，它的完整性不容破坏，没有细胞就没有完整的生命。任何细胞结构，一旦从细胞中分离出来，即使是保存完整的细胞核或者同样含有遗传物质的线粒体和叶绿体，也不能在体外培养持续生存，作为生命的单位存在。即使是病毒，虽然它们是非细胞形态的生命体，但是如果它们不能寄生在细胞内就无法进行繁殖和遗传，也就不能表现出生命的特征。

3.1.4 细胞的分类

所谓物以类聚，人以群分，细胞的种类如此之多简直可以说是浩如烟海，要研究细胞自然要将细胞进行分类。科学家将细胞分为原核细胞和真核细胞两大类，是根据细胞的进化地位、结构复杂程度、遗传方式和主要生命活动方式进行划分的。

(1) 细胞元老——原核细胞

原核细胞，顾名思义，因细胞中没有典型的核结构而得名。几乎所有的原核生物都是由单个的原核细胞组成的。从细胞的本义——小隔间——来讲，原核细胞就好像原始人居住的洞窟一样，虽能遮风挡雨却没什么像样的家具，最多也不过是些石碗石凳，原核细胞结构简单到它的遗传信息仅仅承载在一个环状 DNA 上，也没有形成以膜为基础的具有各项结构功能的细胞器和细胞核。显然，原核细胞在这个世界上应该比真核细胞出现得早，进化程度也没有真核细胞高。原核细胞的分布之广、适应性之强，超出我们的想象。它们可以附着在空气中的微尘上随风起舞，也可以在水中恣意游泳，甚至分布在我们的口腔、肠道里。

在众多的原核细胞里，有三位“代表人物”我们不得不提，它们分别是支原体、细菌和蓝藻。

1) 简洁之美——支原体。我们已经知道原核细胞比真核细胞简单，那在原核细胞里最简单的又是哪一种呢？支原体以它的“精简节约”，除了细胞必备的结构之外一概不留的“勇敢”摘得了这项殊荣。从我们常常听到的“支原体感染”可推测出来，支原体有很多是致病的。支原体是目前发现的体积最小、结构最简单的细胞，在环状的 DNA 分子上仅有 482 个基因，指导合成 700 多种蛋白质，这也许是细胞生存所必需的最少数量的蛋白质了。

支原体作为整个原核生物王国中最迷你的居民，自然有些自己的特色：支原体没有束缚它外形的细胞壁，它的形态可以随意变化；支原体的环状 DNA 分子较为均匀地分布在整个细胞内，没有像细胞那样的核区；核糖体作为蛋白质合成的“机器”是支原体在电子显微镜下唯一可见的细胞内结构；支原体内现已发现的酶有40多种，其中包含葡萄糖转换成丙酮酸的一整套酶系，这也是支原体“吃饭消化”的必备工具，支原体虽然简单却也懂得“人是铁，饭是钢”的道理。

2）以多取胜——细菌。小时候妈妈一定这样告诉过我们：“吃饭前一定要洗手，要不手上有细菌，会让人拉肚子的呀!”于是我们会认为细菌都是坏的，对我们的健康都是有害的。其实，就像人有好有坏一样，细菌也分为有益菌和有害菌。细菌在自然界中是分布最广、数量最多，和我们人类关系极为密切的原核生物。

有益菌在很多方面都为我们提供着便利。在农业上，与豆科植物共生的根瘤菌生长在大豆的根瘤中，它可以将空气中的氮固定为氮化物供给植物，所以大豆中才会含有丰富的蛋白质。在工业上，我们所熟悉的酸奶、醋等都是由细菌发酵作用制得的。在医药上，一些致病菌经处理丧失毒性后可作为疫苗注射到人体中，防止疾病的发生。自然界存在着大量的腐生细菌，它们和腐生真菌一起把动植物的尸体和排泄物分解为简单物质以完成自然界的物质循环。

但是我们不能放松对有害菌的警惕，它们时刻觊觎着我们，蠢蠢欲动。很多疾病如痢疾、伤寒、鼠疫、霍乱都是由病原菌侵入我们人体引起的。食用了放置时间过长的食物，由于腐生细菌的存在，会导致食物中毒。所以妈妈们都是明智的，对她们的健康小提示可千万不能置之不理。

细菌体积极小，大多“身不由己”，只能借助外力四处游荡，也有一些细菌长有鞭毛，就像小尾巴一样左右摆动，细菌便可以游起“泳”来。细菌细胞有棒形、球形、弧形或者螺旋形的，它们的形状通常由细胞外沉积物（如细胞壁）决定。有的细菌除了细胞质、细胞膜、细胞壁之外，还会给自己加上一层厚厚的外衣——荚膜。荚膜是存在于细胞壁外的一层松散的黏液物质，它既可以作为细菌的养料储备库，也可以像盔甲一样保护细胞。某些细菌在遇到恶劣环境，或者营养耗尽时，就会形成内生孢子，又称芽孢，这是一种具有很强抵抗力的休眠体。一旦环境变得适宜，芽孢又会重新萌发，形成一个有活力的细菌。

3）生命之祖——蓝藻。蓝藻的出现是生命史上的重大事件。在地球形成之初，大气中是没有氧气的，在距今25亿到30亿年，蓝藻出现了，它可以像现在的高等绿色植物一样进行光合作用，极大地增加了大气中氧气的含量，为好氧生物的出现提供了条件。

蓝藻中除了含有光合作用所需的叶绿素 A 之外，还含有其他丰富的色素，如黄色色素、红色色素，所以蓝藻并不像它的名字那样都是蓝色的，而是会呈现各种颜色。蓝藻虽然可以进行光合作用，但它属于原核细胞，没有进行光合作用的专门细胞器——叶绿体，而是含有一种十分简单的光合作用结构装置——光合片层。光合片层可进行一种原始的光合作用，效率要比高等植物的低。蓝藻的遗传物质也是一个或几个环状的 DNA 分子，但遗传信息量很大，可以与真核细胞相比，体积也比其他原核细胞大。蓝藻虽然也是单细胞生物，但有些蓝藻常常以丝状的细胞群体存在，如可食用的“发菜”就是蓝藻的丝状体。发菜的外形很像人的头发，颜色乌黑、有腥味，因其与“发财”二字谐音而被人们争相食用，现在已经被列为我国的保护生物，毕竟“少食多滋味”，满足自己口福的同时也要注意保护环境和生物。

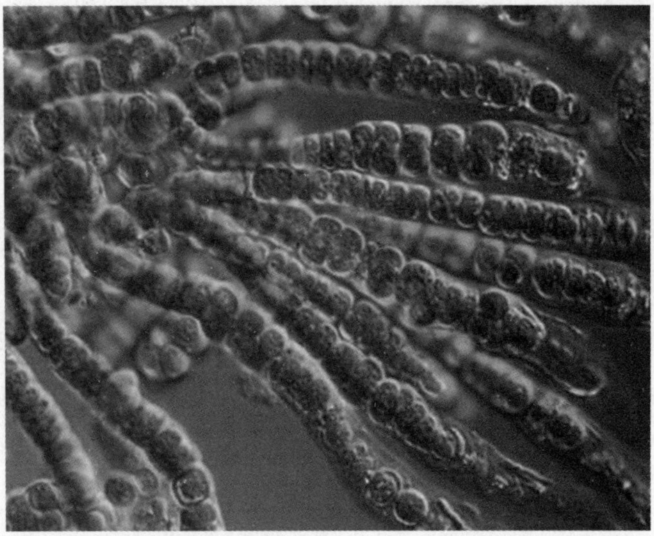

图 3－3　电子显微镜下的蓝藻

经研究发现蓝藻具有一定的药用价值。有一类蓝藻称为螺旋藻，据分析，其中含有丰富的营养物质，尤以人和动物自身不能合成的 8 种必需氨基酸为多，可用作老人、儿童和病人的食品。联合国有关组织曾宣称，螺旋藻是 21 世纪人类的最佳食品和保健品。在另一方面，蓝藻也可能造成很大的危害，鱼塘中如果有蓝藻暴发就会消耗过多氧气使鱼窒息死亡，有些蓝藻还会分泌出使人和动物中毒的毒性物质，应引起足够重视。

蓝藻的适应性很强，分布十分广泛，无论是海洋、湖泊、高山、极地、沙漠，还是草原、森林都可以找到蓝藻的足迹。也许正是因为其分布之广，蓝藻产生的大量氧气才可以影响到整个大气，改变原始地球的面貌并为其他动植物的出现提供了可能，才使得我们的世界如此生机勃勃，多姿多彩。

（2）进化新贵——真核细胞

真核细胞就是细胞中含有被核膜包围的核结构的细胞。真核细胞的遗传信息量大，结构相对复杂。我们曾把原核细胞比作原始人居住的简单的洞窟，与之相比真核细胞就是一个装修精美、水电气一应俱全的现代化建筑。在真核细胞中不仅有细胞核结构，还有许多以生物膜为基础的各种相对独立的、精细的细胞器，如线粒体、叶绿体、高尔基体等。真核生物既可以由单细胞构成，也可以是大量细胞的集合体。真核细胞的进化地位较原核细胞高，出现在12亿~16亿年前。

与原核细胞相比，真核细胞的形状更多样。很多真核微生物的名字就和它们的形状直接相关。草履虫长得就像一只草鞋；眼虫就像一只眼睛，呈梭形且带有长鞭毛；钟形虫就像一口钟。高等生物的细胞形状取决于细胞的功能和细胞间的相互关系，如动物的肌肉细胞具有收缩功能，呈长条形或长梭形；血液中的红细胞为了便于进行氧气和二氧化碳的气体交换，为圆盘状；植物的叶片表皮的保卫细胞为了利于呼吸和蒸腾作用，2个细胞围成一个气孔呈半月形。真核细胞的体积一般大于原核细胞，大多数动植物细胞直径在20~30微米，这是个极小的值，在1厘米的长度上大约可以排下400个细胞。当然也有例外，鸟类未受精的蛋中的蛋黄即为一个卵细胞，鸵鸟的卵细胞直径可达5厘米，有些神经元的长度可以达到1米，但胞体直径不超过100微米。关于高等动植物细胞的大小，还存在着一个奇异的定律“细胞体积的守恒定律”：不论其种间的差异多大，同一器官和组织的细胞总是在一个恒定的范围内。拿大象和小鼠来说，虽然二者的体型大小悬殊，但二者相应器官和组织的细胞大小却无明显差异。所以，我们可以知道，器官的大小主要取决于细胞的数量，而与细胞大小几乎无关。

真核生物分布也很广泛，我们肉眼能看得到的生物体几乎都是由真核细胞组成的。真核细胞也有两类典型的代表，即动物细胞和植物细胞。

1）动物细胞。组成动物体的细胞即为动物细胞。在动物的不同部位执行不同使命的细胞具有不同的结构，概括来看，动物细胞可以分为生物膜系统、遗传信息表达系统和细胞骨架系统三部分。

一是生物膜系统。生物膜是以脂质和蛋白质为基础成分的结构，主要指细胞膜和围绕各种细胞器的膜（细胞内膜）。如果说一个动物细胞就好像一个小小的王国，那么细胞膜就是整个细胞王国的城墙，承担着守护细胞的责任，对进出细胞的每一种物质进行严格审查，安排不同的通道，或者直接“拒之门外”，来保证着细胞王国居民——各种细胞器——的安居乐业。

细胞膜是半透膜，它是由两层磷脂分子组成的，磷脂分子可以自由横向运动，因此细胞膜具有一定的流动性和柔软性。蛋白质分子或内嵌或贯穿在磷脂分子中，表面的糖蛋白就像天线一样，可以对外来信号进行识别。人们从细胞膜的结构中得到启示，制得的人工半透膜可用于制作人工肾、海水淡化设备等。

核膜是由双层膜组成的，它将细胞整体分为两部分——细胞核和细胞质。核膜上有核孔，可以作为某些物质进出的通道。

线粒体是双层膜封闭结构，可以进行呼吸作用为机体提供能量，是细胞的“能量工厂”。线粒体的内膜向内折叠形成嵴，这使得线粒体内膜的表面积比外膜的表面积大很多。

内质网是单层生物膜构成的封闭结构，它是许多生物分子合成的总基地，脂质、糖类和许多蛋白质都是在内质网表面进行合成的。根据内质网表面是否有核糖体附着，可以将其分为粗面内质网和滑面内质网。

高尔基体是意大利细胞学家高尔基发现并命名的，可不是为了纪念我们所熟悉的那个《海燕》的作者——苏联作家高尔基。高尔基体和内质网一样，都是单层生物膜的封闭结构，其主要功能是完成已合成物质的加工、分选、包装和运输。

二是遗传信息表达系统。真核细胞与原核细胞的主要区别之处就是细胞核的存在，细胞核是真核细胞遗传物质的安身之所，动物细胞自然也是如此。遗传物质的表达系统包括遗传信息的储存和复制、转录、翻译三个部分。

“种瓜得瓜，种豆得豆”“龙生龙，凤生凤，老鼠的儿子会打洞”，这些现象的出现就要归功于细胞核中的遗传物质的存在。动物细胞的遗传物质是以由DNA 和蛋白质组成的染色体为载体的。

参与遗传物质表达过程的有一个很重要的角色——核糖体。核糖体普遍存在于各种细胞中，是最小细胞——支原体细胞在电子显微镜下唯一可见的细胞器。核糖体是细胞的必备结构，即使很精简的支原体也不会把它舍弃。核糖体是细胞内合成蛋白质的细胞器，它可以根据转录出的信使 RNA（mRNA）将氨基酸合成肽链。

三是细胞骨架系统。我们知道，细胞膜具有流动性与柔软性，如此细胞就会具有可压缩性，我们为什么没有被我们自身压扁呢？这就要得益于细胞内的骨架系统了。细胞的骨架系统是由一系列结构蛋白组装而成的三维网架结构，它的存在可以使细胞维持一定的形态，并对细胞内部结构起支撑作用。

细胞骨架可根据其存在的场所分为细胞质骨架、细胞核骨架和膜骨架，然而它们其实是相互联系的。细胞骨架蛋白包括微丝、微管和中间体三部分。细胞骨架并不是静止不动的，而是处于高度的动态之中，它在细胞周期的不同时期中会有不同的分布状态。除了支持作用，细胞骨架还会参与细胞的运动，如肌肉收缩、变形运动、细胞迁移等。

2）植物细胞。构成植物体的细胞即为植物细胞，植物的根、茎、叶、花、果实等都是由植物细胞构成的。植物细胞与动物细胞具有很多相同之处，在动物细胞中存在的三大系统不仅同样存在于植物细胞中，而且它们在形态、成分、功能上都是一样的。

在植物细胞中还有一些动物细胞所不具备的特殊结构，如细胞壁、液泡与叶绿体等。而动物细胞也有些结构在种子植物细胞中是找不到的，如中心粒。在此我们将植物细胞的特别之处简要介绍一下。

我们知道虎克第一次用显微镜看到的植物细胞，确切地说是植物细胞的细胞壁。植物细胞都具有细胞壁，在一定程度上细胞的形状取决于细胞壁的形状，也是由于细胞壁的存在，树木才可以长得很高，顶天立地。植物细胞壁的主要成分是纤维素，地球上最多的天然聚合物——木材、造纸和织布的纤维，就是产生于植物细胞壁。

液泡也是植物细胞所特有的。液泡是由脂蛋白膜围成的结构，其中大部分为水，吃水果的时候我们会发现其中有很多的水分，这些水分就是来自于液泡。我们看到西瓜瓤是红色的，吃起来是甜甜的，这是因为在液泡的水中还含有盐、糖和色素等物质。

叶绿体是存在于高等植物细胞中的一种细胞器，具有双层膜机构，是植物进行光合作用的结构。光合作用是在太阳的照射下叶绿体吸收二氧化碳合成有机物，同时放出氧气，这对于其他异养生物的存在具有决定性意义。我们看到的叶片一般为绿色，这是因为叶绿体中含有叶绿素，除了叶绿素之外，叶绿体中还含有叶黄素、胡萝卜素等，它们虽然数量比较少，但是比叶绿素稳定。当秋天来临时，天气变冷使叶片中的叶绿素被破坏，这时候叶片就会因为叶黄素、胡萝卜素的存在变成缤纷的颜色。

3.1.5 细胞的繁殖

为什么农民可以“春种一粒粟，秋收万颗子”？为什么不小心碰破的皮肤会慢慢愈合？为什么我们养的小猫小狗会越长越大？这些现象的解释都离不开细胞繁殖。

（1）原核细胞的繁殖

几乎所有的原核生物都是由单细胞构成的，所以一个原核细胞经过细胞分裂成为两个细胞即为新个体产生的过程，原核生物通过细胞分裂繁殖后代。

原核细胞的分裂方式一般为二分裂，比真核生物的分裂方式简单。以原核细胞的代表——细菌为例，在分裂过程中，细胞要在原来的基础上生长增大到一定程度，DNA 分子进行复制，细胞变长并将形成的两个 DNA 分子拉到细胞两端，细胞壁在细胞中间凹陷、延伸，将两个子细胞分隔开来，最后形成新的细胞壁。

原核生物体积较小，属于“弱小群体”，一旦环境不利就可能会导致大量细胞死亡，为了维持物种的延续，原核生物的细胞分裂周期短，在适宜条件下可进行大量繁殖，有的细菌可以在 20 分钟内就分裂一次。正常状态下，一个细菌细胞内只有一个 DNA 分子，在进行增殖状态时，由于 DNA 复制周期和细胞分裂周期可能不同步而导致一个细胞中同时存在几个 DNA 分子。

（2）真核细胞的繁殖

真核生物既包括由单个细胞构成的简单生命体，又包括由多个细胞构成的复杂生物体。对单细胞真核生物而言，细胞分裂即意味着生物个体数目的增加；多细胞真核生物则往往是由一个单细胞受精卵经过无数次的细胞分裂，并经历复杂的细胞分化过程得到的，即使是成体生物，细胞分裂也不会停止，以补充代谢过程中损失的细胞。就拿我们人来说，最明显的也许就是表皮细胞了，脸上或身上的一些干皮就是大量死去细胞的集合体，为了维持皮肤的正常机能，必须依赖于细胞增殖，其他一些部位也是一样。

真核细胞的细胞结构比原核细胞复杂得多，分裂方式同样较为复杂，根据细胞分裂过程中的不同表现，可分为三种类型：无丝分裂、有丝分裂、减数分裂。

1）无丝分裂。无丝分裂方式较为简单，也是发现得最早的一种细胞分裂方式，早在 1841 年，雷马克在观察鸡胚的血细胞时就观察到这种分裂方式，后来人们又发现了有丝分裂，为了区分，弗来明在 1882 年将之命名为无丝分裂。无丝分裂过程中，首先，细胞核内遗传物质复制增倍，细胞核延长并在核中部向内凹进，分裂成两个细胞核；随后，整个细胞从中部分裂，形成两个子细胞。在无丝分裂的简单过程中，不能保证遗传物质均等地分配到两个子细胞中，因此可能会发生不稳定遗传现象。无丝分裂多见于低等植物，在高等植物和动物的某些部位也可存在。

2）有丝分裂。斯特兰斯伯格在 1880 年第一次在植物细胞中发现有丝分裂方式，而有丝分裂的命名则是在 1882 年弗来明首次在动物细胞中发现这种分裂方式之后。有丝分裂的特点是在分裂过程中细胞内有纺锤丝和染色体出现，复制出的双份遗传物质即子染色体被平均分配到子细胞。这种精确的分配方式可以保证遗传物质的稳定遗传，保证母细胞和子细胞之间遗传性状的一致性。有丝分裂普遍存在于动物和高等植物的体细胞中，所以又被称为体细胞分裂。

3）减数分裂。有丝分裂普遍存在于体细胞，生殖细胞的产生则是通过减数分裂完成的。减数分裂是贝内登在 1883 年最先提出的，这是一种特殊的细胞分裂方式。在减数分裂过程中，染色体仅复制一次，细胞连续分裂两次，得到的子细胞中染色体数目是母细胞的一半。受精时雌雄配子结合，恢复亲代染色体数。

因此，减数分裂可以使物种在遗传过程中染色体数目保持稳定。

3.2 组织形成

单细胞生物如衣藻、草履虫等，多细胞群体型生物如团藻、水绵等，它们的每一个细胞都能独立地完成全部生理功能，一个细胞就是一个完整的生物体。单细胞生物分裂产生的子细胞分裂完成后即“分道扬镳”“互不相识”。因此，这类生物并不具有真正意义上的组织分化。在多细胞生物体中，细胞间由于所处的位置不同，受到环境的影响也不同。处于不同位置的细胞群间便出现了相异的形态特征和生理代谢活性与类型的分化。因此，处于相似或相同位置、有着相似或相同的形态结构和生理功能的细胞群便成了具有共同特征的组织。

3.2.1 植物组织

植物体中，保留分裂、分化能力或潜能的组织称为分生组织。失去分化潜能、具有特定功能的细胞群就叫成熟组织。成熟组织具有多种多样的功能，如营养组织、保护组织、输导组织、机械组织、分泌结构等。此外还有包含多种组织的复合组织。

（1）分生组织

分生组织是具有分裂能力的植物细胞群，是产生和分化其他组织的基础。由于分生组织的存在，种子植物的个体总保持生长的能力或潜能。矮小的树苗长成参天大树要归功于顶端分生组织，它们处于根茎的最前端，经横分裂后的子细胞沿根或茎的长轴方向排列；成就树木为顶梁柱的是靠近根茎表面的侧生分生组织，其细胞分裂方向与器官长轴垂直，单子叶植物如小麦等一般没有侧生分生组织，这也是为什么它们不能长得很粗的原因；而夹杂在成熟组织中的居间分生组织则赋予了植物再生的能力，如韭菜和葱在割去叶子的上部后仍能继续生长。

（2）成熟组织

成熟组织区别于分生组织，是不再具有分化能力的组织，主要包括保护组织、薄壁组织、机械组织、疏导组织和一些分泌结构。

1）保护组织。保护组织覆盖于植物体表，能减少植物失水，防止病原微生物入侵，还能控制植物与外界的气体交换。植物没有复杂、功能齐全的免疫系统，保护组织便是它们保护自身的坚固盾牌。根据保护组织的来源、形态结构及其功能的强弱，可将其分为初生保护组织——表皮、次生保护组织——周皮。表皮细胞大多扁平，形状不规则，彼此紧密镶嵌，排列紧密而成一细胞薄层。叶表皮上还有与光合作用、蒸腾作用等密切相关的气孔器。有的表皮还覆盖有蜡质、角质、表皮毛等附属物。周皮存在于裸子植物、双子叶植物的根、茎外表，具有不透水、绝缘、隔热、耐腐蚀、质轻等特性，其抗御逆境的能力强于表皮。

2）薄壁组织。因植物体各种器官中都含大量的薄壁组织，故又称其为基本组织。基本组织分化程度较浅，具有很强的分生潜能，在植物受伤后薄壁细胞受到刺激，恢复分生能力，可产生一团愈伤组织。叶中的薄壁组织含有叶绿体，构成栅栏组织和海绵组织，进行光合作用。果实和种子中的薄壁组织能够贮藏营养物质。位于根尖梢后方根毛区的根毛，能够从外界吸收水分和溶于水的无机养分。在物质短途运输强烈的部位，如叶表皮腺细胞、木质部或韧皮部薄壁细胞、维管束鞘等，细胞的细胞壁显著向内生长、胞间连丝发达，这些细胞即传递细胞。薄壁组织细胞排列松散，有细胞间隙，因而可具有较大的液泡，正因为如此植物的叶子和果实常常有很高的含水量。

3）机械组织。机械组织的细胞具有加厚的细胞壁，提供给植物较强的支持力，帮助植物从水生过渡到陆生。机械组织可分为厚角组织和厚壁组织。厚角组织是细胞壁中含有较多果胶质的活细胞，多分布于幼嫩的茎或叶柄等器官中，含水量高，既有一定的坚韧性，又具有可塑性和延伸性，因此幼嫩的枝条具有较好的弹性，可以用来编织工艺品等。而厚壁组织是细胞壁全面加厚并常木质化的死细胞，支持能力更强，根据其形状不同又可分为纤维细胞和石细胞。纤维细胞互相以尖端穿插连接，多成束、成片分布于植物体中，形成植物体内主要的支持结构。韧皮纤维主要存在于韧皮部，细胞长、壁厚，其组成主要为纤维素，坚韧性强，可做优质纺织原料；木纤维存在于木质部，细胞短小、壁厚、常木质化，硬度大而韧性差，可做填充料。初生纤维主要指分布于初生韧皮部的纤维，是优质的纺织原料，次生纤维是指分布于次生韧皮部和次生木质部中的纤维，可作为一般工业用纤维。石细胞形状多种多样，通常成群聚生，有时也可单生于植物茎的皮层、韧皮部、髓内，桃、杏等的果皮，蚕豆等的种皮中也较常见。茶等的叶肉、梨等的果肉中分布的石细胞形态、数量是鉴别其品质的依据。

4）输导组织。输导组织是植物体内输送水分和营养物质的管道。发达的输导组织使植物对陆生生活有了更强的适应能力。导管和管胞分别存在于被子植物、蕨类和裸子植物的木质部，负责将大量的水分由植物根部运输到叶片用以叶片表面的蒸发，降低植物体温度。筛管和筛胞分别存在于被子植物、蕨类和裸子植物的韧皮部，负责将有机物由合成部位运输到合适部位储藏起来。导管和筛管是被子植物体内物质输导的重要组织，但也是病菌感染、传播扩散的主要通道。如土壤中的枯萎病菌入侵根部后，其菌丝可随导管到达地上部分的茎和叶，某些病毒可借昆虫刺吸取食而进入筛管，引起植株发病。研究输导组织的特性，能够为合理施用内吸传导型农药，有效防治病、虫、草害提供帮助。

5）分泌结构。植物体中有一些细胞或结构还具有分泌功能。很多植物的分泌物在我们的日常生活中都很常见，如橘子果皮上的透明小点就是分泌腔，能够分泌芳香油；橡胶树的茎中有乳汁管，其分泌的汁液能制作橡胶；松柏类植物的树脂道分泌的树脂，增强了木材的耐腐性；漆树的韧皮部中有漆汁道分布，漆液是木材和金属外表的良好涂护剂；春天里四溢的花香也是花瓣中的油细胞分泌的芳香油的味道；温湿的夜间或清晨，常在叶尖或叶缘出现的水滴，是经排水器泌出的……

3.2.2 动物组织

动物组织根据其形态、功能和发生情况不同分为四大类，即上皮组织、结缔组织、肌肉组织和神经组织。

(1) 上皮组织

动物的上皮组织与植物的保护组织相似，细胞排列紧密，相邻细胞间还有明显的连接复合体，是上皮组织细胞之间营养传递的途径。上皮组织分布于体表、内脏器官和管道等的内表面，具有保护、吸收、排泄、分泌、呼吸、感觉等多种功能。单层上皮薄，适于物质迅速交换，又由于表面光滑，可减少器官之间的摩擦。腺上皮具有分泌和排泄功能。位于毛囊和立毛肌之间的皮脂腺分泌的皮脂是使动物毛皮特别柔软的因素之一，但是其在人体所扮演的角色目前还不清楚。人们一般以为皮脂能够使皮肤光滑柔软，但是皮肤最光滑细致的婴儿的皮脂量却很少，因此这很可能是错误的观念。感觉上皮由上皮细胞特化而成，具有感觉功能，如具有化学感受功能的嗅觉上皮、味觉上皮，具有物理感受功能的视觉上皮、听觉上皮、触觉上皮等，这些能力使得我们能够感知我们周围的美好世界。

（2）结缔组织

结缔组织由多种细胞和大量的间质构成，这些细胞没有固定的位置，通常不形成完整的细胞层，广布于身体各处。我们常说的脂肪、软骨、骨甚至血液都是结缔组织。它们又分别具有各自的特征，具有支持、保护、储存营养、修复和物质运输等多种功能。疏松结缔组织中的成纤维细胞能产生胶原纤维和基质成分，对伤口愈合有重要作用。骨组织是一种坚硬的结缔组织，由细胞、纤维和基质构成。纤维是骨胶纤维。基质中含大量的固体无机盐，具有很高的营养价值。血液组织是一类比较特殊的、具有流动性的结缔组织，它在免疫和营养运输等方面具有极其重要的作用。另外值得一提的是，分布于许多器官和皮肤之下的脂肪组织也是一种结缔组织，它在支持、保护、维持体温和储存能量、参与能量代谢等方面具有重要作用，因此，不可一味追求骨感美，保持身体健康才是最重要的。

（3）肌肉组织

肌肉组织由特殊分化的肌细胞构成，许多肌细胞聚集在一起，被结缔组织包围成肌束，其间有丰富的毛细血管和神经纤维分布。毛细血管给肌肉组织的活动提供能量，神经纤维控制着肌肉的收缩与舒张。在一次过量运动后往往会感觉到肌肉酸痛，这除了肌细胞产生的乳酸的作用外，还与肌肉组织中毛细血管的破裂有关。肌肉组织具有很强的收缩性，能够将化学能转化为机械能，是人类各种动作的“驱动者”。根据肌细胞的结构和功能特点可把肌肉组织分为附着于骨骼、受意识控制的骨骼肌，具有自主节律使肠道和心脏自主收缩，完成消化、泵血等很重要的生命过程的平滑肌和心肌。钙离子浓度对肌肉收缩有调节作用，因此当机体缺钙时会出现抽搐现象，所以我们要注意均衡饮食，并多晒太阳以合成维生素 D 促进对钙的吸收。

（4）神经组织

动物越高等，神经组织越发达。神经细胞具有高度发达的感受刺激、传导兴奋的能力；神经胶质细胞具有支持、保护、营养和修补等功能。神经细胞有好多种，大部分都有个小不点儿的身子，它的一头顶着许多像树枝一样的枝杈，即“树突”，另一头拖着长长的尾巴，它们就是动物体内的“通信线路”。这些突出的枝杈都搭在相邻的神经细胞上，通过电信号和突触等传递体内的信息变化并由神经中枢迅速做出相应反应。人脑神经细胞约有 1 000 亿个，但是它们大部分都处于休眠状态，真正参与大脑活动的少之又少。神经细胞是不能再生的，因此人在年幼时期发高烧烧坏脑子就会出现智力障碍。但是神经网络的发达并不仅仅取决于参与工作的神经元的数目，还与神经元之间的联系即突触个数密切相关。

3.3 器官与系统

如果说形态相同或相似，功能相同的细胞群构成组织，就好像一座座房子组成一个城市，那么由几种不同类型的组织联合形成具有一定生理功能的器官就好像一个个城市可以组成一个国家，一些在功能上密切联系的器官进一步构成了系统，就好像一个个国家组成了我们的世界。各种系统相互协作完成各种生命活动，使生命现象奇妙无比。

3.3.1 动物的器官与系统

动物的器官和系统包括十大部分。

（1）皮肤系统

正如我们所能见到的，皮肤覆盖在动物体表面，它就像一个屏障一样保护着机体。除了保护作用，我们还可以感受到皮肤的其他作用。如果不小心被针扎到手指，我们会感到疼，说明皮肤可以传递感觉；夏天的时候天很热，会有汗水从皮肤上流出，说明皮肤可以进行分泌和排泄；我们经常会往脸上抹一些水啊、霜啊之类的化妆品，是因为皮肤有吸收功能；但是化妆品抹太多就会堵塞毛孔，是因为皮肤还具有呼吸功能。

皮肤并不仅限于我们所能看到的表层，它包括表皮、真皮和皮下组织。皮肤还可以有多种衍生物，如皮肤表面一些构造（毛、爪、蹄、指甲等）和一些皮肤腺（汗腺、皮脂腺、气味腺等）。

（2）运动系统

俗话说“生命在于运动”，运动则在于我们的运动系统。运动系统由骨骼、关节及骨骼肌三部分组成。我们说一个人意志薄弱的时候，会说“真是个软骨头”，可见骨骼能起到支持身体的作用，此外还可以作为肌肉的附着点和运动杠杆。骨骼和骨骼之间的连接是通过关节实现的，关节处及周围发炎就会引发我们常听到的“关节炎”。骨骼肌是构成机体的主要肌肉，骨骼肌通过收缩和舒张带动骨骼和关节，我们就可以随着音乐做一段广播体操了。

（3）呼吸系统

当感冒鼻塞时，我们会意识到呼吸对于我们来说是一件多么重要的事情。在动物的生命历程中，不断进行着吸进氧气、呼出二氧化碳的过程，直到生命的终结，这就是呼吸过程。参与呼吸过程的系统即为呼吸系统。人类的呼吸系统由导管部和呼吸部组成。导管部就好像一根管子，是气体进出的管道，它包括鼻腔、口腔、气管和支气管。捏住鼻子就好像把气体的一条进口堵塞了，我们就会不自觉地张开嘴打开另一条通道。而呼吸部就是我们的肺，它是胸腔中一个海绵状的空腔，具有很大的呼吸表面。众所周知，抽烟对肺的伤害很大，相关资料显示，85% 的肺癌死亡是由吸烟引起的。所以不要再说什么“抽烟伤肺不伤心”的傻话了，珍爱我们的肺，远离香烟才是正道。

（4）消化系统

植物不需要吃饭，只要晒晒太阳就可以活下去了，而动物如果不吃饭去晒太阳只可能晒成肉干。动物是异养生物，必须依靠外界有机物获得自身所需的营养。动物们用自己的方式得到食物，但必须经过消化系统才可能把所得食物进行消化吸收。以人为例，完整的消化道从口开始，至肛门结束，中间包括咽、食道、胃、小肠、大肠等器官，在消化系统内包含一系列消化腺，可分泌消化液对食物进行消化吸收。

（5）排泄系统

为了保持机体的平衡，我们不可能只进食而不排泄。吃进的食物经过消化而产生的一些不能再利用或者有毒的废物，与进食过程中食用的过多的水、盐之类的物质都必须排出体外，这个排出的过程即为排泄。排泄过程主要是通过肾脏形成尿，因此排泄系统主要包括肾脏、输尿管、膀胱和尿道。排泄系统在排出体内废物的同时，还可以调节体内水盐平衡、酸碱平衡而使得体内环境的相对平衡得以保持。

（6）循环系统

对动物而言，组成个体的细胞不计其数，摄入的氧气和营养物质是如何分配到各个细胞而不引起个别细胞罢工的呢？循环系统此时就会大显身手了。循环系统包括心血管系统和淋巴系统两大部分，心血管系统包括血液、管道系统和心脏。心脏就像一个泵，驱动血液承载着氧气、营养、激素等物质在管道系统内流动而使上述物质分配到各个组织和细胞，同时将代谢废物带到具有排泄功能的器官。淋巴系统由淋巴管道、淋巴液及淋巴组织组成，可以帮助收集和输送组织液返回心脏，还可以通过淋巴细胞生成抗体产生防御作用。

（7）生殖系统

在一些古装片里，善良纯洁的女主角如果生不出孩子，恶婆婆就会以“不孝有三，无后为大”的理由逼迫男主角休掉女主角，赚得观众许多眼泪。从个体意义上来讲，延续香火不应该成为阻断爱情的理由；但从物种意义上来讲，为了维持物种在自然界的延续，每种生物都要有各自繁殖后代的方法。对动物而言，生殖系统是完成“香火不断”的基础。生殖系统有生殖腺和各种副性器官，其中生殖腺可以产生生殖细胞。雌性生物和雄性生物往往具有不同的生殖系统。

（8）神经系统

神经系统可以说是机体的司令部，指导着其他各组织系统的行动。组成神经系统的基本单位是神经元，神经系统又可以分为中枢神经系统和周围神经系统。其中，中枢神经系统是整个神经系统的中枢部分，位于身体的中轴上，包括脑和脊髓，就好像神经系统的最高长官，具有调节整个机体生命活动的作用；周围神经系统是神经系统的周围部分，包括由脑发出的脑神经和由脊髓发出的脊神经，是神经系统的“地方官员”，掌管着各自的一片范围。

(9) 感觉器官

天气变热了，我们知道要换上薄一点的衣服；当严冬来临时，青蛙、乌龟等动物就开始冬眠；家里买了鱼，小猫可以闻到鱼的味道追着赶着要吃。这些现象的发生都要归功于动物的感觉器官。感觉器官的天职就是感受热能、化学能、机械能等信号并把它们转换成神经动作电位，引起机体相应的感觉。根据感觉器官所在位置可以分为外感受器和内感受器。外感受器如声、光、味等的感受器可依据外界环境的变化情况，引起主观上清晰的感觉并精确定位，它是动物感知世界、适应世界并进一步改造世界的基础；内感受器如内脏感受器、大动脉壁的压力感受器等能感受内环境的各种变化，但往往不引起主观上的感觉或只产生模糊的感觉，它对于调节动物体内环境的稳定具有重要意义。

(10) 内分泌系统

在动物生命活动的调节系统中，除了神经系统，还有一种重要的调节方式——内分泌系统。动物体内可以进行体液调节的所有内分泌腺和分布在各器官的内分泌细胞统称为内分泌系统。人体主要的内分泌腺包括甲状腺、甲状旁腺、肾上腺、垂体、松果体、胰岛、胸腺和性腺等；有些器官虽不是内分泌腺体，但含有内分泌功能的细胞或组织，如脑、肝、肾脏等。内分泌系统的分泌物称为激素，激素需要通过与特定受体结合发挥调节作用。

3.3.2 植物的器官与系统

植物的组织结构一般比对应级别的动物简单，而且在生长过程中一般固定在土壤中，生命活动没有动物复杂，各项生命活动可以靠特定器官完成。因此对植物的器官和系统的讨论可以停留在器官的层次上。

根据功能不同，植物器官可以分为营养器官和生殖器官。

(1) 植物的营养器官

虽然植物不像动物一样可以“大口喝水，大口吃肉”，但是植物的生长也需要水分和营养的吸收与运输。与物质吸收、同化、运输和储藏等营养功能有关的器官称为营养器官。

1）根。根是将绿色植物固定于土壤中的器官，它可以帮助植物从土壤中吸收水分和矿物质并向上输送供给植物生长需要。仅由根系的活动引起的吸水现象通常称为主动吸水，而地上蒸腾作用引起的吸水现象称为被动吸水；根系吸收矿物质的过程是主动的生理过程。根系的吸水和吸收矿物质是两个相对独立的过程。许多植物的根系还与土壤中的微生物建立了共生关系，在植物体上形成菌根或根瘤，一方面微生物将土壤中的矿物质盐和有机物质转变为寄主可以吸收的营养物质，供给根系；另一方面，植物分泌的糖类、氨基酸及其他有机物质可供微生物使用。二者互惠互利，彼此共生。

由于功能改变引起的形态和结构发生变化的根，称为变态根。储藏有大量营养物质的根如胡萝卜、红薯等为储藏根；由植物的茎上生出的、暴露在空气中的根叫作气生根，凌霄、榕树等都会生长出气生根。

2）茎。茎是植物地上部分的主干，还有少数植物的茎生长在水中或者地面以下。茎的主要功能是运输水分、无机盐和营养物质，还可以支持植物的叶、花、果实，保持植物的体态。不同植物的茎根据生长方式可分为直立茎、缠绕茎、攀缘茎、斜倚茎、平卧茎、匍匐茎等，但是它们都有一个目的，就是让植物的叶能充分舒展开，最大限度地接受阳光进行光合作用。

有些植物的茎，也会因功能的变化而发生形态的变化，成为变态茎。我们平时可以见到的有仙人掌的块茎、洋葱的鳞茎、荸荠的球茎、姜的根茎、草莓的走茎、葡萄的卷须，还有茎特化成叶状的芦笋等。

3）叶。叶是植物重要的营养器官，它可以通过光合作用制造有机物使得植物成为自然界其他异养生物的“衣食父母”。除此之外，在叶片上进行的蒸腾作用可以为植物的根从土壤中吸收水分和矿物质提供动力。叶片可以分为完全叶和不完全叶两种，完全叶包括叶片、叶柄和托叶三个部分，缺少叶柄或者托叶的叶片即为不完全叶。

叶片就像一个魔术师，有许多神奇的本领。它可以通过光合作用将无机物转变成有机物；还可以通过蒸腾作用向空气中排放水汽而使空气得到净化。枝叶繁茂的行道树可以吸收灰尘，隔离噪声；含有药物成分的叶片，如我国的瑰宝——

中药，可以养生保健、治病救人；滴水观音的叶片在下雨之前会有小水滴滴下来，利用这一特点可以用来预报天气……

与根、茎相似的一点是，叶片也会发生变态现象，如捕虫叶，呈掌状或者瓶状，如果有笨头笨脑的虫子撞进去，叶片自动闭合并分泌出消化液将其消化吸收，还有刺叶、鳞叶、卷须叶等。

（2）植物的生殖器官

在生活中，我们经常会见到许多美丽的花朵，并赋予它们特定的含义，如玫瑰的深情、蔷薇的坚强、百合的纯洁、牡丹的雍容；也会经常吃一些水果，苹果、桃子、橘子等各有各的滋味。但是你知道这些花朵和果实的重要作用吗?

1）花。并不是每种植物都开花，花是被子植物特有的生殖器官，其实被子植物也就是绿色开花植物的另一个名称。当我们抛开美学，从花的本质出发，花是由花柄、花托、花萼、花冠、雄蕊群、雌蕊群组成的。一朵花，如果同时具有花萼、花冠、雄蕊群、雌蕊群，称为完全花，否则就称为不完全花。一朵花同时有雄蕊和雌蕊，称为两性花；只有雄蕊或雌蕊的花称为单性花。单性花要进行受精没有两性花那么容易，往往要通过风的作用将花粉传递出去。另外，花开放时颜色鲜艳，气味芬芳，招蜂引蝶，这也是花朵们的聪明之处，昆虫们在这朵花里看一看，那朵花里歇一歇，不经意间就帮助植物完成了受精过程。

2）果实和种子。再娇艳的花也有凋零的时候，然而如果它完成了受精过程，花的使命也就完结了。被子植物的花在受精之后，由雌蕊的子房或有花的其他部分参与形成果实。果实一般包括果皮和种子两部分。在自然条件下，未经受精而结实则为无子果实，如无核蜜橘、香蕉等。果皮在果实的发育过程中可以保护种子，当果实成熟之后果皮干枯败落则有利于种子的散播。果实和种子成熟之后四处散落对于植物的繁殖传代是极为重要的，散布的方式与果实或种子的种类有关。

果实和种子与人类的关系是极为密切的。我们食用的小麦、水稻、玉米等粮食是禾谷类植物的果实；我们经常吃的水果如苹果、香蕉、葡萄富含糖类、维生素等多种营养物质；在中药里，还有许多可以入药的果实如枣、山楂、木瓜等，为人类疾病的治疗做出了很多贡献。

如基石组建房屋，房屋组成城市，城市构建国家，国家构成世界那样，生命世界的多姿多彩，千奇百怪，都来源于生命的基本单位——细胞的自我生长、巧妙组合。

4　生命的力量来源——物质能量转换

树绿花香，莺飞蝶舞，鸟鸣虫唱……地球因生命的出现而不再荒凉。草青草枯，花开花谢，活着逝去，生命的出现让地球从此不再平淡无奇，不再无悲无喜。我们感叹生命的力量，又诧异生命的脆弱。我们不禁会问：生命因何而存在，又因何而消逝?

19世纪下半叶，伟大哲学家恩格斯首次较为科学地定义了“生命”。他认为，生命是蛋白体的宏观存在方式，而这种存在方式的基本要素在于能和外部自然界不断地进行新陈代谢，一旦这种新陈代谢受阻或停止，那生命也将随之改变或停止，并导致蛋白质的分解和消失。现在看来，恩格斯的生命定义在一定程度上揭示了生命的物质能量转换的载体和方式，即以蛋白体为核心的新陈代谢过程。

进入20世纪以来，伴随着自然科学迅速发展，关于生命的科学研究相继从宏观的个体、组织及细胞水平逐步发展到分子水平，人类对生命有了更为深刻的理解和认识。现代科学研究表明，活细胞中完全除去水分后，约有90%是蛋白质、核酸、糖、脂四类大分子。其中，以蛋白质和核酸相对含量较高。生物蛋白质约有20种基本氨基酸小分子，对核酸代谢的催化，新陈代谢的调节控制，以及高等动物的记忆、识别功能等起重要的作用。核酸是遗传信息的主要载体，核酸控制蛋白质的合成代谢，并从根本上决定蛋白质的化学性质。可以说，蛋白质和核酸两者互相依赖、互相作用，相互调节，进而使生命体成为一个统一体。

在生命活动过程中，物质与能量间的相互转换，也就是新陈代谢，包括物质代谢和能量代谢，是生物维持生命活动的重要机制。生物体的各种生命活动，如生长、发育、繁殖、遗传、变异乃至运动、思维等都是通过新陈代谢来实现的。可以说，没有新陈代谢，就没有生命，也没有生命体。

4.1 新陈代谢

为什么说没有新陈代谢就没有生命呢？举个例子，人体从一个受精卵开始，进行细胞分裂、组织分化，形成各种器官和系统，完成生长发育的过程；当个体成熟后又可以“制造”和自己大同小异的后代，即生物具有遗传和变异的特性；同时，人体可以通过自身的调节机制，对外界的各种刺激发生反应，从而适应变化了的环境。所有这一切，均是在新陈代谢的基础上完成的。

在自然界中，从低等的微生物到高等的动植物，尽管它们的形态、大小、结构千差万别，但它们的代谢途径都大同小异。生物在生命活动过程中，一方面不断地从外界环境中吸收营养物质，另一方面又不断地排出废物。这种生物体与外界环境的物质交换作用，就是生物的新陈代谢。

人和动物从环境中获取氧气、水和食物，又把二氧化碳、水和其他废物排泄到环境中去。绿色植物从环境中取得二氧化碳和水，并利用太阳能，通过光合作用，合成机体的糖，并放出氧气，又从环境中取得氮、磷、钾等盐类，合成糖、脂类、蛋白质和核酸等。在这些过程中，不但有物质间的相互转化，也包含了能量存储，也属于新陈代谢（图4-1）。

4.1.1 分解代谢和合成代谢

生物是怎样进行新陈代谢的呢？生物的新陈代谢可以分为分解代谢和合成代谢两种不同方向的代谢变化。在分解代谢过程中，生物体将复杂的大分子有机物转化成为结构简单的小分子有机物质，并释放能量，即生物的同化作用。与此相反，在合成代谢过程中，在生物能量的协助下，结构简单的小分子的前体物质逐步转化为复杂的大分子物质，即生物的异化作用。

合成代谢和分解代谢是对立矛盾的统一体，它们之间是互相联系、互相制约、互相依存的。在每一个合成代谢过程中，常常包括许多分解反应，每一个分解过程也常常包括许多合成反应。同时，在能量合成与释放方面也是相互联系、相互制约的，如能源物质（ATP）在合成反应过程中需消耗能量，所以它的合成

图 4－1　绿色植物和高等动物新陈代谢示意图

会受到生物体能量供应体系的制约。

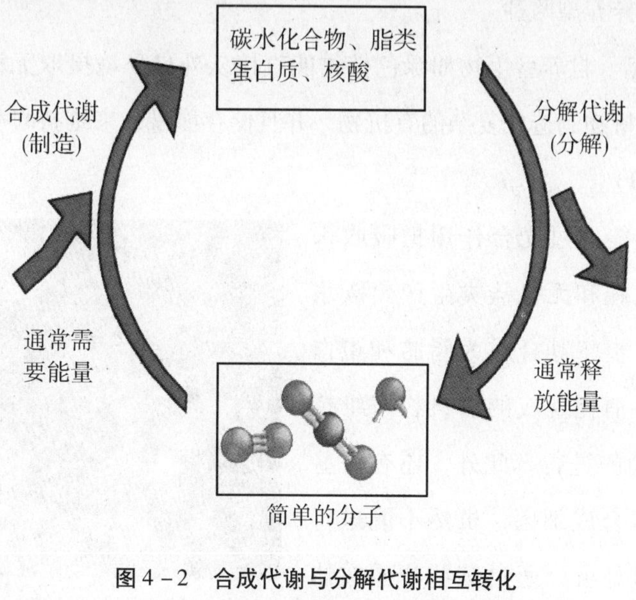

图 4－2　合成代谢与分解代谢相互转化

因此，在新陈代谢过程中，合成代谢为分解代谢提供了物质前提，使外部物质变为内部物质；同时，分解代谢为合成代谢提供了必需能量，使内部物质又能转变为外部物质（图4-2）。在机体的生命过程中，合成代谢与分解代谢的主次关系也是互相转化的，这种转化使生物个体呈现出生长、发育和衰老等不同阶段。

生物都具有特异的新陈代谢类型，其特异性取决于遗传，环境条件也对其有一定影响。新陈代谢过程虽然复杂，但却有共同的特点。生物体内的绝大多数代谢反应是在温和条件下，由酶催化进行的。生物体内的各种代谢反应虽然繁多，但相互配合，有条不紊，彼此协调而有严格的顺序，而且生物体对内外环境条件有高度的适应性和灵敏的自动调节性。新陈代谢实质上就是错综复杂的化学反应互相配合，彼此协调，对周围环境高度适应而形成的一个有规律的总过程。

4.1.2 新陈代谢的类型

在长期的生物进化过程中，不同种类的生物都形成了自己特有的新陈代谢方式。根据不同的作用类型，可以有以下两种划分方式。

(1) 以是否利用无机物分类

根据生物体在同化作用过程中能不能利用无机物制造有机物，新陈代谢可以分为自养型和异养型两种。

1）自养型。自养型生物如绿色植物能直接从外界环境摄取无机物，通过光合作用，将无机物制造成复杂的有机物，并且储存能量，来维持自身生命活动的进行（图4-3）。

图4-3 自养型绿色植物

绿色植物能通过光合作用把吸收来的水、二氧化碳和无机盐类生产出碳水化合物，进一步将其合成为脂肪和蛋白质等，不需要消耗现成的有机物来维持自身生命活动的进行。此外，还有一些细菌俗称化能合成细菌，虽然不能进行光合作用，但是可以通过某些物质在体内发生化学变化时产生的能量将无机物合成为有机物，并且依靠这些有机物氧化分解时所释放出的能量来维持自身的生命活动。例如，硝化细菌能将氨（NH_3）氧化成亚硝酸和硝酸，利用这一氧化过程中释放出来的能量把二氧化碳和水合成为有机物。

总之，自养型生物体在同化作用的过程中，能够把从外界环境中摄取的无机物转变成为自身的组成物质，并且储存能量。

2）异养型。异养型生物如人和动物不能像绿色植物那样进行光合作用，也不能像硝化细菌那样进行化能合成作用，只能依靠摄取外界环境中现成的有机物来维持自身的生命活动（图4-4）。土壤中的小型无脊椎动物如线虫、蚯蚓等将植物残体粉碎，起着加速有机物在微生物作用下分解和转化的作用。此外，这些土壤动物也能够在体内进行分解，将有机物转化成无机盐类，供植物再次吸收、利用。

图4-4 异养型动物

此外，营腐生或寄生生活的真菌和大多数细菌，它们的新陈代谢类型也属于异养型。总之，异养型生物体在同化作用的过程中，把从外界环境中摄取的现成的有机物转变成为自身的组成物质，并且储存能量。

（2）以对氧的需求情况分类

根据生物体在异化作用过程中对氧的需求情况，新陈代谢可以分为需氧型、厌氧型和兼性厌氧型三种。

1）需氧型。绝大多数的需氧型动物和植物都需要生活在氧充足的环境中。它们在异化作用的过程中，必须不断地从外界环境中摄取氧来分解体内的有机物，释放能量，以便维持自身各项生命活动的进行。这种新陈代谢类型叫作需氧型，也叫有氧呼吸型。

2）厌氧型。厌氧型的生物有乳酸菌和寄生在动物体内的寄生虫等，它们在缺氧的条件下，仍能够将体内的有机物氧化，从中获得维持自身生命活动所需要的能量。这种新陈代谢类型叫作厌氧型，也叫无氧呼吸型。

3）兼性厌氧型。在有氧和无氧环境中皆能正常生长的兼性厌氧型微生物，包括肠道细菌，人及许多动物的致病菌、酵母菌及一些丝状真菌等，若有氧，就通过氧化磷酸化途径获取能量；若无氧，菌体的细胞色素和其他呼吸系统组分减少或失去，通过发酵途径获得能量。

例如，兼性厌氧型生物——酵母菌，是单细胞真菌，通常分布在含糖量较高和偏酸性的环境中，如蔬菜、水果的表面和菜园、果园的土壤中。酵母菌在有氧的条件下，将糖类物质分解成二氧化碳和水；在缺氧的条件下，将糖类物质分解成二氧化碳和酒精。人类了解了酵母菌（图4－5）的这个本事，把它应用在生活生产中，除了熟知的酿酒、发面外，还能用于生产有机酸、提取多种酶等。

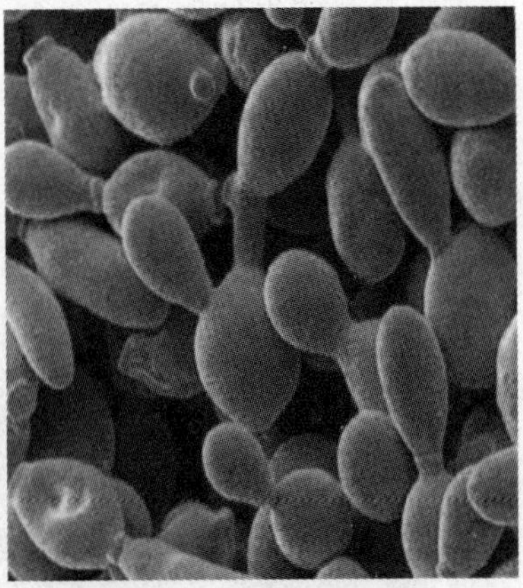

图4－5　酵母菌

4.1.3　新陈代谢的场所

在新陈代谢过程中，细胞中的多种物质主要发生着合成和分解两个方向的变化，而这些变化不是一步就能够完成的。因此，生物体内的生物化学反应数量可想而知，那么，这样大量的反应如何在微小的细胞中有序地进行呢？这主要是由于细胞（特别是真核细胞）内含有由膜包围的各种细胞器（图4－6），将细胞物质隔离分室。细胞的这种高度分室化的结构，能够使各类代谢反应在特定的场所中进行。为了更清楚地认识不同物质和代谢发生场所的关系，表4－1列出了细胞主要的物质发生合成代谢的场所，可以较为清晰地看出新陈代谢与细胞结构的联系。

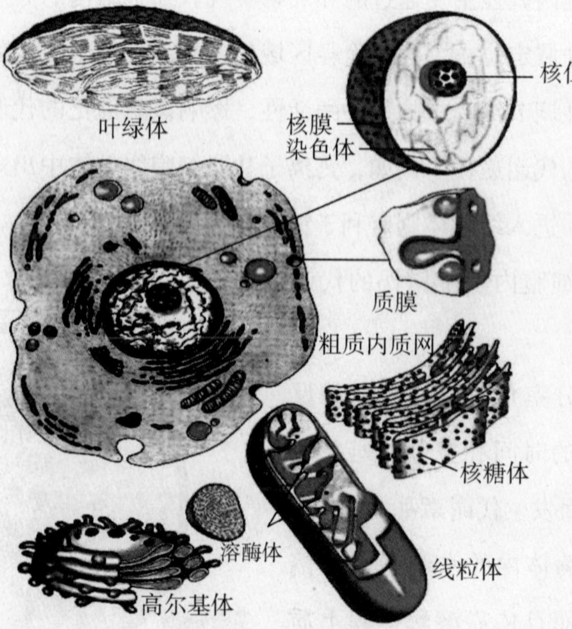

图4－6 高度分室化的细胞内结构

表4－1 新陈代谢与细胞结构的联系

物质种类	合成代谢方式	反应场所	反应场所
糖类	光合作用	叶绿体	胞质
	糖原合成	胞质	线粒体
	糖异生	胞质	胞质
			微体
脂质	脂肪酸合成	胞质	胞质（活化）、线粒体
蛋白质	膜蛋白和分泌蛋白	核糖体（粗面内质网上的）	线粒体
	细胞内含有的蛋白质	核糖体（游离在细胞质中的）	肝细胞线粒体、胞质
核酸	嘌呤、嘧啶合成	肝的胞质为主	胞质
	复制、转录	细胞核、线粒体、叶绿体	胞质

细胞结构的高度分室化，限定了各类代谢途径在一定区域内进行，使整个新陈代谢过程具有以下的优点：

（1）有利于对代谢反应的调控

代谢调控主要在四种不同水平上进行，即酶水平、细胞水平、激素水平和神经水平。这些调控方式均与细胞结构的隔离分室化密切相关。

例如，细胞内调控主要通过酶和底物实现。细胞结构的分室化，使酶和底物形成了不同的区域定位，令代谢途径区域化，从而有利于代谢的调节。某些调节因素可以专一性调节细胞中的某种酶活性，影响该酶催化的代谢反应，但是却不会影响到其他的代谢途径。例如，钙离子从肌细胞线粒体中出来，可以促进胞质中的糖原分解，进入线粒体则有利于糖原合成。

（2）防止细胞内发生错误的代谢反应

细胞结构分室化，使细胞内的反应限定在一定的时间和空间，避免了因为错误反应而发生代谢紊乱。

例如，溶酶体内的水解酶是被溶酶体限定的，而且依靠溶酶体膜上质子泵的作用，使溶酶体内的 pH 值小于 5，低于胞质溶胶中的 pH 值（约等于 7）（图 4－7）。这样，如果溶酶体偶然发生渗漏，其内含有的酶进入胞质溶胶后就会失去活性，可避免对细胞质内结构的破坏。因此溶酶体内部的酶只能在其内部发生作用，降解通过胞吞作用进入其内部的复杂分子和自身完成代谢使命的物质等。

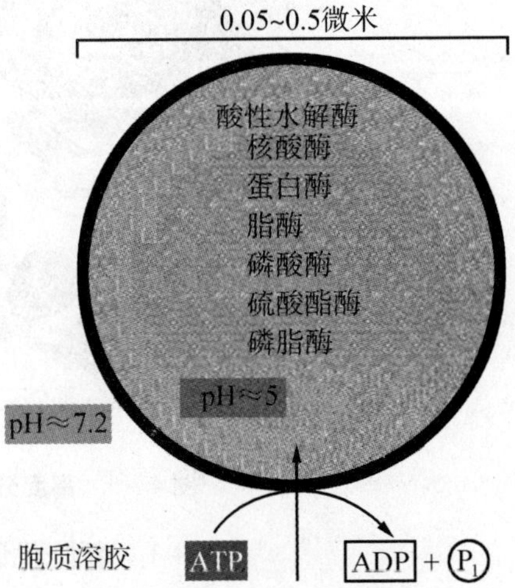

图 4－7　溶酶体示意图

（3）避免无效反应的发生

在大多数生物细胞中，同时存在分解和合成各类生物大分子的酶，但如果分解和合成反应同时进行，就有可能会产生无效反应而造成浪费。而细胞将催化分解和合成反应的酶分隔到不同区域，就避免了因无效反应造成的物质或能量的浪费。

4.1.4　新陈代谢的特点

虽然新陈代谢过程包括成千上万的生物化学反应，并且许多反应又相互联系，构成了复杂的代谢网络，但各种反应具有如下共同特点：

(1) 酶的催化作用和辅酶及辅基

生物体内大量的生物化学反应，几乎全是在酶的催化作用下完成的。酶的成分主要是蛋白质，部分酶是 RNA。在细胞内，酶分布在细胞膜、各种细胞器、胞质溶胶以及细胞核等处，催化着各类生物化学反应的进行。

参与新陈代谢反应的酶主要是蛋白酶，它们有的是单纯蛋白，如脲酶、蛋白酶、淀粉酶、脂肪酶和核酸酶等。但另外的一些酶，如催化氧化还原反应的氧化还原酶类，许多除了酶蛋白（也称为脱辅基酶蛋白）的成分外，还有辅酶或者辅基的存在，它们与酶蛋白的关系如图 4－8 所示。

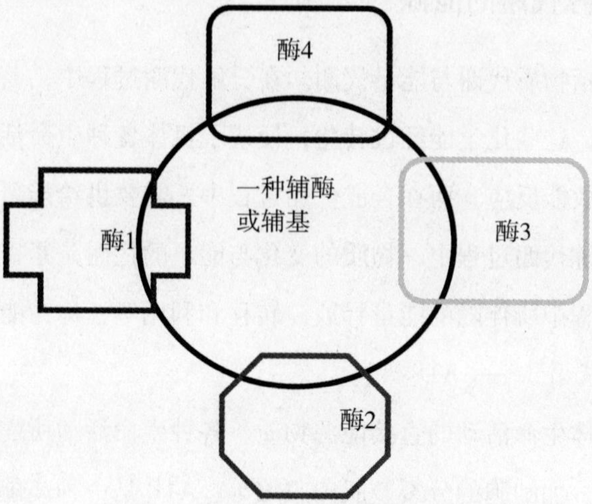

图 4－8　酶与辅酶或辅基的关系

辅酶（或辅基）的种类少，而酶的种类多，所以一种辅酶（或辅基）可以与多种酶蛋白结合。

(2) 代谢途径存在类似模式

虽然生物体内的代谢途径数量巨大，但它们存在着类似的模式。这表现在不同生物中存在着大量相似的代谢反应，例如糖酵解途径不仅存在于低等原核生物大肠杆菌中，也存在于高等生物——人的体内。

(3) 复杂的代谢途径中存在着一些关键步骤

虽然每一条代谢途径均存在着多步的反应，但各个步骤的反应特点不同。大多数的反应是可逆的，只有少数反应不可逆。这些不可逆步骤决定了整个代谢途径的不可逆性，成为代谢途径的限速步骤，尤其是第一步不可逆的限速步骤最为重要。例如，在糖酵解中，共十步反应，其中有三步反应不可逆，称为糖酵解中关键的限速步骤。

(4) 代谢网络之间具有物质和能量的联系

各个代谢途径之间，通过共同的中间代谢物或过渡步骤衔接，使它们互相联系起来，构成复杂的代谢网络。并通过这些网络，实现各种物质代谢的协调和它们之间的相互转化。另外，各代谢途径之间有能量关联。合成代谢消耗能量，分解代谢释放能量，二者通过 ATP 等高能化合物作为能量载体而联系起来。

4.1.5 新陈代谢的能源

新陈代谢包括物质代谢与能量代谢。在分解代谢过程中，营养物质蕴藏的化学能被释放出来，这些化学能经过转化，便成了机体各种生命活动的能源，所以说分解是代谢的放能反应。而在合成代谢过程中，需要供给能量，因此是吸能反应。可见，在新陈代谢过程中，物质的变化与能量的代谢是紧密联系着的。生物体内物质代谢过程中所伴随的能量释放、转移和利用等，称为能量代谢。

(1) “通用货币”——ATP

ATP 是生物体生命活动的直接能源物质，各种生命活动所需要的能量都是由 ATP 直接提供的，如细胞的分裂、肌肉收缩等。ATP 是一种高能磷酸化合物，在细胞中，它与二磷酸腺苷（ADP）的相互转化实现储能和放能，从而保证细胞各项生命活动的能量供应。ATP 是生物体内最重要的提供直接能源物质。因此，ATP 成为所有活细胞中能量的“通用货币”（图 4 -9）。

在生物体内，生成 ATP 的途径主要有两条：一条是植物体内含有叶绿体的细胞，在光合作用的光反应阶段生成 ATP；另一条是所有活细胞都能通过细胞呼吸生成 ATP（图 4 -10）。ATP 主要通过这些途径，由 ADP 和无机磷酸盐（Pi）通过磷酸化作用合成。ATP 与 ADP 可迅速转化，保持一种平衡。ADP 转化成 ATP 过程，需要能量，对于动物、人、真菌和大多数细胞来说，均来自细胞进行有氧呼吸作用时有机物分解所释放的能量。但是对于绿色植物来说，除了依赖呼吸作用所释放的能量外，在叶绿体内进行光合作用时，ADP 转化为 ATP 还利用了光能。

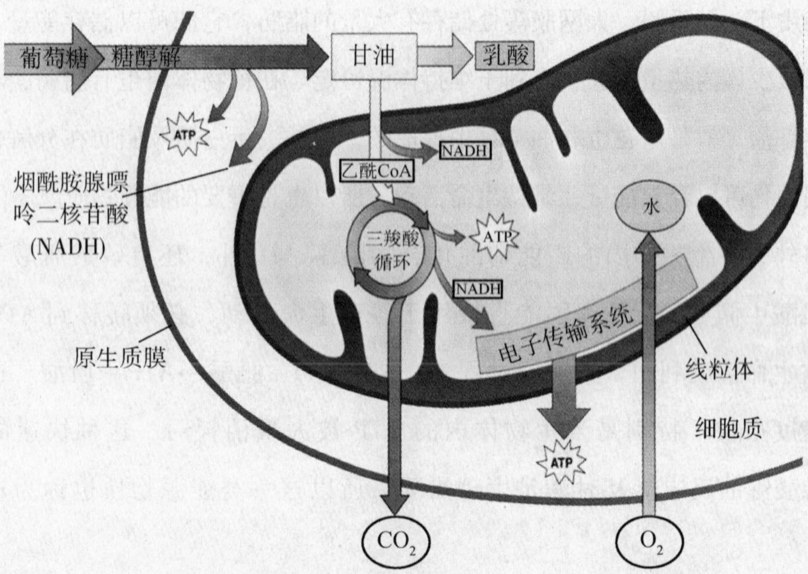

图 4－9　ATP 是能量流通的“通用货币”

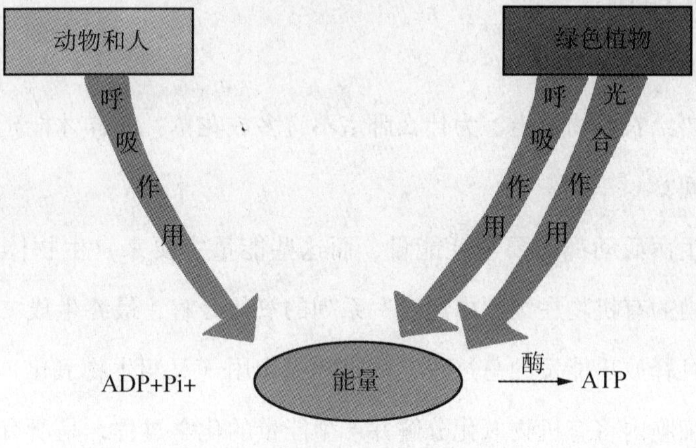

图 4－10　ATP 的合成来源示意

（2）不能甩掉的脂肪——其他的能源物质

动植物和微生物的大部分组成结构是由三类基本生物分子所构成的，这三类分子是蛋白质、糖类和脂类（通常称脂肪）。由于这些分子是维持生命所必需的，代谢就是制造这些分子以用于构建细胞和组织，又在摄入食物后将食物中的这些分子消化降解以提供维持生命所需的能量。其中，生命活动所利用的能量有大约70%是由糖类提供的，所以糖类是生命活动的主要能源物质。脂肪储存能量的效率最高，是蛋白质和糖类的两倍多，因此脂肪是生物体储存能量的重要物质。在动物的皮下、肠系膜、大网膜等处储存有大量的脂肪，它们可以储存能量，同时还可以减少体内热量散失，有利于维持体温恒定。在植物体内也有脂肪，如花生油、菜籽油等就是从花生和油菜籽中提取的。糖类、蛋白质及脂肪在分解代谢反应过程中均可以释放能量，维持生命活动，所以也是重要的能源物质。

另外，在生物体内的高能磷酸化合物除了 ATP 外，还有磷酸肌酸等，但磷酸肌酸中储存的能量尚不能直接用于各项生命活动，必须转移到 ATP 中后才能被生命活动利用。其反应过程为：ADP + Pi ~ 肌酸→ATP + 肌酸。这个反应的速度很快，特别是当生物体内的 ATP 被大量消耗时，这种快速的转移高能磷酸键的反应能及时满足生理需要。所以这一类能源物质也称为辅助能源。

4.2 呼吸作用

为什么要给农作物松土？为什么卧室不宜多放花草？怎样才能延长蔬菜、水果的储存时间？

生物的生命活动都需要消耗能量，而这些能量主要来自生物体内的呼吸作用。生物体内的有机物在细胞内经过一系列的氧化分解，最终生成二氧化碳或其他产物，并且释放出能量的总过程，就是呼吸作用（又叫生物氧化）。呼吸作用，是生物体在细胞内将有机物氧化分解并产生能量的化学过程，是所有的动物和植物都具有的生命活动。无论是不是自养型生物，细胞内完成生命活动所需要的能量，都来自呼吸作用。

呼吸作用的目的，是通过释放食物里的能量，来产生细胞的直接能源物质——ATP。呼吸作用通过一连串的反应，使食物中的能量放出。在呼吸作用中，三大营养物质碳水化合物、蛋白质和脂质的基本组成单位——葡萄糖、氨基酸和脂肪酸，被分解成更小的分子，通过数个步骤，将能量转移到还原性氢中，最后经过一连串的电子传递链，氧化分解生成水和二氧化碳。原本储存在其中的能量，则转移到 ATP 分子上，供生命活动使用。

4.2.1 呼吸作用的类型

生物的呼吸作用包括有氧呼吸和无氧呼吸两种类型。

(1) 有氧呼吸

生物进行呼吸作用的主要形式是有氧呼吸。有氧呼吸是指细胞在氧的参与下，通过酶的催化作用，把糖类等有机物彻底氧化分解，产生二氧化碳和水，同时释放大量能量的过程（图4-11）。有氧呼吸是高等动物和植物进行呼吸作用的主要形式，因此，通常所说的呼吸作用就是指有氧呼吸。细胞进行有氧呼吸的主要场所是线粒体。一般说来，葡萄糖是细胞进行有氧呼吸时最常用的物质。

有氧呼吸是一系列酶促反应。在这个过程中，有机物逐步氧化降解并释放所储存的能量，其中一部分能量转变为热能而散失，另一部分以ATP形式储存，供生物体生命活动所用，如体内有机物的合成、物质的吸收和运输、生长、运动和繁殖等。单细胞的原生动物没有专门的呼吸器官，通过体表与水之间进行气体交换，把溶解在水中的氧气吸进体内，把体内的二氧化碳排到水中。而大部分动物和人体内有专门的呼吸器官，并有内呼吸与外呼吸之分。植物没有专门的呼吸器官，呼吸作用主要在细胞内的线粒体中进行。

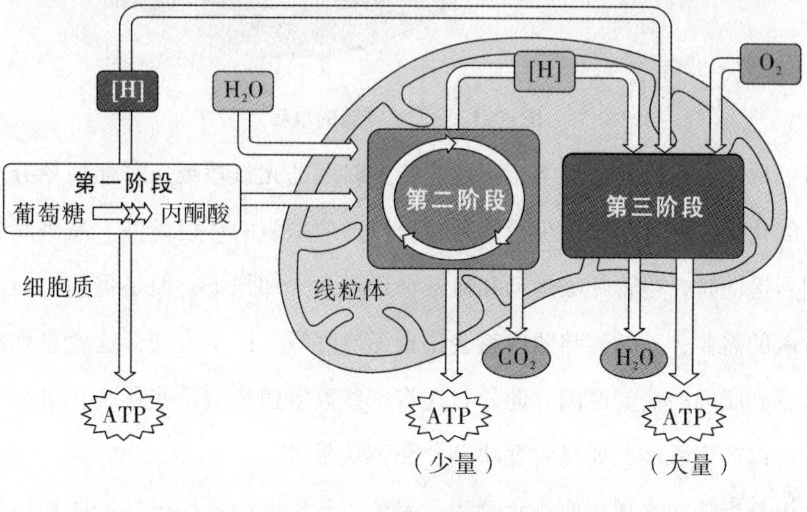

图4-11 有氧呼吸的过程

(2) 无氧呼吸

生物进行呼吸作用的主要形式是有氧呼吸。那么，生物在无氧条件下能不能进行呼吸作用呢？科学家通过研究发现，生物体内的细胞在无氧条件下能够进行另一类型的呼吸作用——无氧呼吸。

无氧呼吸，又称厌氧呼吸，是指细胞在无氧条件下氧化有机物，同时释放能量的过程。无氧呼吸通过酶的催化作用，把葡萄糖等有机物质分解成为不彻底的氧化产物，如乳酸、酒精，同时释放出少量能量的过程（图 4－12）。这个过程对于高等植物、高等动物和人来说，称为无氧呼吸。如果用于微生物（如乳酸菌、酵母菌），则习惯上称为发酵。

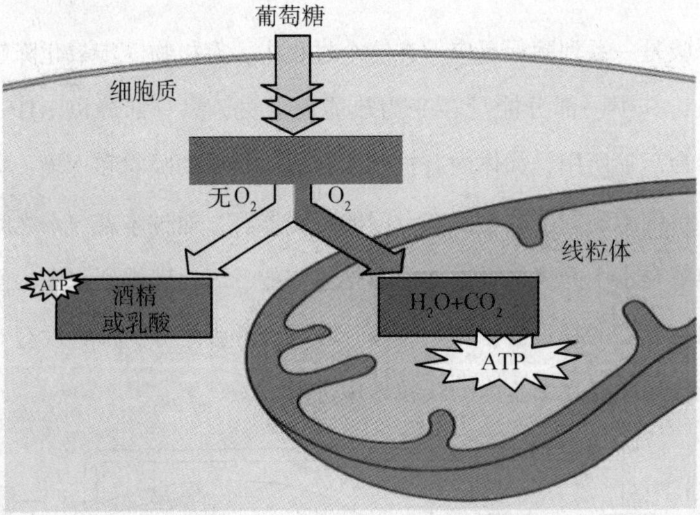

图 4－12　无氧呼吸的过程

高等植物在水淹的情况下，可以进行短时间的无氧呼吸，将葡萄糖分解为酒精和二氧化碳，并且释放出少量的能量，以适应缺氧的环境条件。高等动物和人体在剧烈运动时，尽管呼吸运动和血液循环都大大加强了，但是仍然不能满足骨骼肌对氧的需要，这时骨骼肌内就会出现无氧呼吸，产生乳酸，这就是你在剧烈运动后感到肌肉酸痛的原因。此外，还有一些高等植物的某些器官在进行无氧呼吸时也可以产生乳酸，如马铃薯块茎、甜菜块根等。

这也是为什么水稻田要排水晒田、旱地作物需要中耕松土、低洼地应该开沟排水等。这些都在改善土壤的通气，促进植物的有氧呼吸，减少无氧呼吸。同样在果实和蔬菜储藏中，要调节储藏室的氧的浓度，降低储藏温度，防止这些含淀粉的组织进行无氧呼吸，产生酒精。因为过多的酒精会杀死组织细胞，引起组织腐烂。另外，工业上利用厌氧细菌进行发酵，可获得各种代谢产品，如利用乳酸细菌发酵，制作泡菜和酸奶；利用酵母菌发酵产生酒精的原理进行酿酒（图4－13）等。

图4－13　利用无氧呼吸酿酒

（3）有氧呼吸和无氧呼吸的区别

有氧呼吸是细胞在氧气的参与下，通过酶的催化作用，把糖类等有机物彻底氧化分解，产生出二氧化碳和水，同时释放出大量的能量的过程。而无氧呼吸过程没有分子氧参与，其氧化后的不完全氧化产物主要是酒精（表4－2）。

在高等植物中常将无氧呼吸称为发酵，其不完全氧化产物为酒精时称为酒精发酵，为乳酸时则称为乳酸发酵。在缺氧条件下，只能进行无氧呼吸，暂时维持其生命活动。无氧呼吸最终会使植物受到危害。其原因是：一方面可能是由于有机物进行不完全氧化、产生的能量较少，于是，由于巴斯德效应，加速糖酵解速率，以补偿低的ATP产额。随之又会造成不完全氧化产物的积累，对细胞产生毒性。另一方面，无氧呼吸也加速了糖的消耗，有耗尽呼吸底物的危险。

植物有氧呼吸过程中，中间产物丙酮酸必须进入线粒体才能被分解成二氧化碳。

表4-2 有氧呼吸与无氧呼吸的主要区别

项目	有氧呼吸	无氧呼吸
呼吸场所	细胞质基质、线粒体	细胞质基质
是否需氧	需要	不需要
氧化分解是否彻底	彻底	不彻底
氧化产物	二氧化碳和水	酒精或乳酸，二氧化碳
能量释放	释放出大量能量	释放出少量能量
产生 ATP 数目	1 摩尔葡萄糖可产生 36 或 38 摩尔 ATP	1 摩尔葡萄糖可产生 2 摩尔 ATP
是否需酶	需要酶	需要酶
化学本质	氧化分解有机物，释放能量	氧化分解有机物，释放能量

4.2.2 呼吸作用的意义

对生物体来说，呼吸作用具有非常重要的生理意义，这主要表现在以下两个方面：

1）呼吸作用能为生物体的生命活动提供能量。呼吸作用释放出来的能量，一部分转变为热能而散失，另一部分储存在 ATP 中。ATP 在酶的作用下分解，就把储存的能量释放出来，用于生物体的各项生命活动，如细胞的分裂、植株的生长、矿质元素的吸收、肌肉的收缩、神经冲动的传导等。

2）呼吸过程能为体内其他化合物的合成提供原料。在呼吸过程中所产生的一些中间产物，可以成为合成体内一些重要化合物的原料。例如，葡萄糖分解时的中间产物丙酮酸是合成氨基酸的原料。同时，呼吸作用可以保持大气中二氧化碳和氧气含量的平衡。

4.3 光合作用

最初人们还一直以为植物体内的全部营养物质都是从土壤中获得的，并不认为植物体能够从空气中得到什么。直到 1771 年，英国科学家普利斯特利发现，将点燃的蜡烛与绿色植物一起放在一个密闭的玻璃罩内，蜡烛不容易熄灭；将小

图 4－14 英国科学家普利斯特利的发现

鼠与绿色植物一起放在玻璃罩内，小鼠也不容易窒息而死（图 4－14）。因此，他指出植物可以更新空气。但是，他并不知道植物更新了空气中的哪种成分，也没有发现光在这个过程中所起的关键作用。

后来，经过许多科学家的实验，才逐渐发现光合作用的场所、条件、原料和产物。1864 年，德国科学家萨克斯做了这样一个实验：把绿色叶片放在暗处几小时，让叶片中的营养物质全部消耗掉。然后把这个叶片一半曝光，另一半遮光。过一段时间后，用碘蒸气处理叶片，发现遮光的那一半叶片没有发生颜色变化，曝光的那一半叶片则呈深蓝色。这一实验成功地证明了绿色叶片在光合作用中产生了淀粉。

1880 年，美国科学家恩格尔曼用水绵进行了光合作用的实验：把载有水绵和好氧细菌的临时装片放在没有空气并且是黑暗的环境中，然后用极细的光束照射水绵。通过显微镜观察发现，好氧细菌只集中在叶绿体被光束照射到的部位附近。如果上述临时装片完全暴露在光下，好氧细菌则集中在叶绿体所有受光部位的周围。因此，恩格尔曼的实验证明：氧是由叶绿体释放出来的，叶绿体是绿色植物进行光合作用的场所。

光合作用是绿色植物和藻类利用叶绿素等光合色素在可见光的照射下，将二氧化碳和水转化为有机物，并释放出氧气，或者某些细菌（如带紫膜的嗜盐古菌）利用其细胞本身将硫化氢和水转化并释放氢气的生化过程（图 4－15）。

生物界所利用的自由能最根本的来源是太阳能，因而光合作用成为生物界中最大规模的有机合成过程。据估算，每年绿色植物吸收约 1 750 亿吨的碳素，可形成有机物约 4 166 亿吨，可储存约 7×10^{18} 千焦的能量，放出约 4 700 亿吨的游

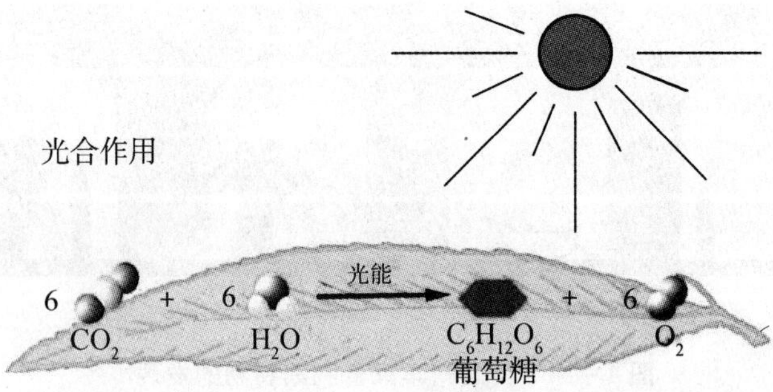

图 4－15　光合作用

离态氧。

光合作用不仅是植物体内最重要的生命活动，也是地球上最重要的化学反应过程。地球上几乎所有的有机物质都直接或间接地来源于光合作用。光合作用是目前唯一知道的通过分解水产生氧气的生物过程。原始的地球大气中并没有氧气，目前的大气环境是在光合作用产生后经过亿万年的漫长过程逐步形成的。现在的生物种类大多数依赖于氧气，所以从这个意义上说，没有光合作用就没有目前的生命形式。

4.3.1　光合作用的场所

（1）叶绿体

叶绿体是绿色植物细胞中广泛存在的一种含有叶绿素等色素的质体，是植物细胞进行光合作用的场所，是自然界有机物质和氧气的供给源，主要存在于叶肉细胞和幼茎皮层细胞内。叶绿体的形态因种类不同而不同，在藻类中为网状、带状、裂片状和星状等，但在高等植物中像双凸透镜或平凸透镜。细胞中叶绿体的数目因植物种类和组织类型以及发育阶段而异，高等植物的叶肉细胞一般含50～200个叶绿体。叶绿体由叶绿体膜、类囊体和基质三部分构成（图4－16），其表面由两层膜包围，膜内淡黄色、半流动状态的物质称基质，在基质中有许多浓绿色圆柱状颗粒叫作基粒。在高等植物细胞内，一个成熟的叶绿体可含20～100个基粒，每个基粒都是由两个以上圆而扁平的类囊体组成，并重叠成片层结构，所以也叫基粒片层，类囊体由自身闭合的双层薄膜组成。有一些类囊体和基粒中的基粒片层横向连接，使基粒跟基粒相连，这种类囊体叫作基质片层。叶绿体为光合作用的场所，光合色素主要集中在基粒中，如叶绿素和其他色素，以单分子层排列在类囊体膜结构的中央。类囊体的内膜和外膜上分别附有数十种和光合作用有关的酶。

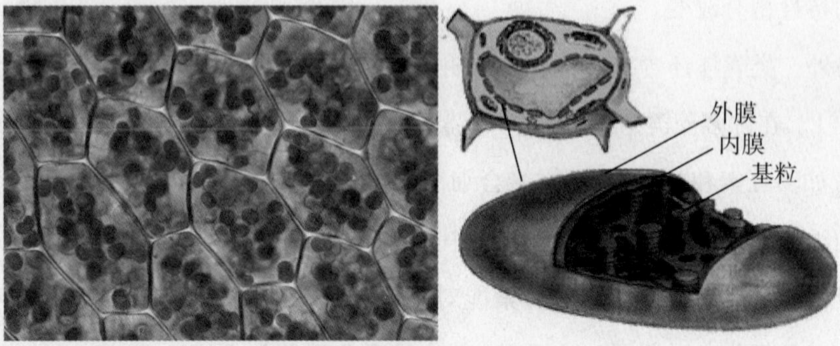

图4－16　叶绿体及其结构示意图

光合作用的能量转化在类囊体膜上进行，合成有机物的暗反应在叶绿体的基质中进行，基质内含有许多可溶性酶，可以参加暗反应，使二氧化碳还原成葡萄糖。叶绿素主要集中在基粒中。绿色植物利用阳光在叶绿体中将二氧化碳和水合成糖类，在这一过程中，叶绿体的作用是捕获太阳能量，供细胞合成能量物质——ATP，故叶绿体和线粒体一样，也有细胞内的“动力工厂”之称。

细菌无叶绿体，它们的光合色素存在于类似的片层结构中。

（2）叶绿素

叶绿素是植物进行光合作用的主要色素，是一类含脂的色素家族，位于类囊体膜。叶绿素实际上存在于所有能进行光合作用的生物体中，包括绿色植物、原核蓝细菌和真核的藻类。叶绿素从光中吸收能量，然后能量被用来将二氧化碳转变为碳水化合物。

高等植物叶绿体中的叶绿素主要有叶绿素 a 和叶绿素 b 两种。它们不溶于水，而溶于有机溶剂，如乙醇、丙酮、乙醚等。在颜色上，叶绿素 a 呈蓝绿色，而叶绿素 b 呈黄绿色。深秋时许多叶片呈美丽的红色，就是因为这时叶绿素降解速度大于合成速度，含量下降，原来被叶绿素所掩盖的类胡萝卜素、花色素的颜色显示出来的缘故。

叶绿素的可见光波段的吸收光谱，在蓝光和红光处各有一显著的吸收峰。吸收峰的位置和吸光值的大小随叶绿素种类不同而有所不同。叶绿素 a 最大的吸收光的波长范围在 420～663 纳米，叶绿素 b 的最大吸收光波长范围在 460～645 纳米。当叶绿素分子位于叶绿体膜上时，由于叶绿素与膜蛋白的相互作用，会使光吸收的特性稍有改变。

另外，类囊体还含有橙黄色的类胡萝卜素，通常叶绿素和类胡萝卜素的比例约为 3∶1。在许多藻类中除叶绿素 a、叶绿素 b 外，还有叶绿素 c、叶绿素 d 和藻胆素（如藻红素和藻蓝素）；在光合细菌中是细菌叶绿素等。全部叶绿素和几乎所有的类胡萝卜素都包埋在类囊体膜中，各色素分子间的距离和取向固定，有利于能量传递。类胡萝卜素与叶黄素能对叶绿素 a、叶绿素 b 起一定的保护作用。几类色素的吸收光谱不同，叶绿素 a、叶绿素 b 吸收红、橙、蓝、紫光，类胡萝卜素吸收蓝紫光（图 4－17），吸收率最低的为绿光。特别是藻红素和藻蓝素的吸收光谱与叶绿素的相差很大，这对于在海洋里生活的藻类适应不同的光质条件，有重要的生态意义。

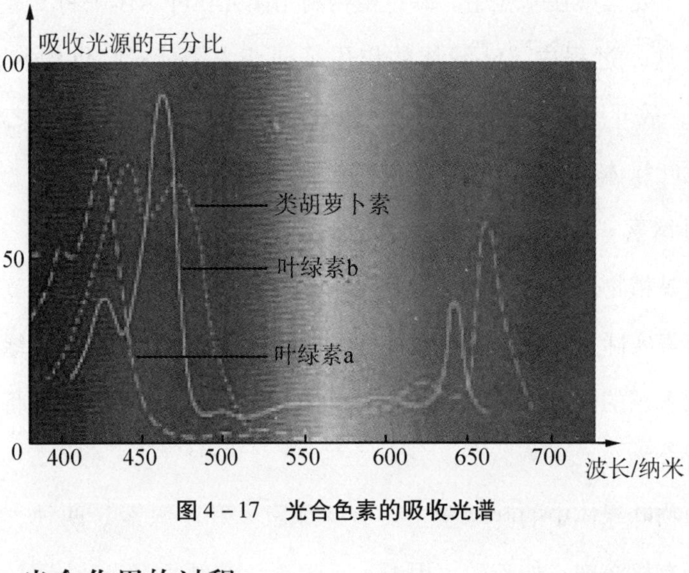

图 4－17 光合色素的吸收光谱

4.3.2 光合作用的过程

光合作用的全部过程并不都需要光，在光下才能进行的一系列光物理和光化学反应统称为光反应。光合作用的第一阶段是光反应，第二阶段是不需要光的酶促反应或称暗反应（图 4－18）。

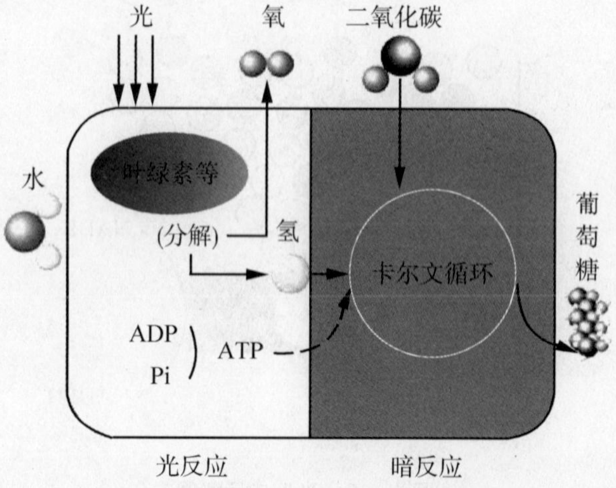

图 4－18　光反应和暗反应示意图

光反应是由光合色素将光能转变成化学能并形成 ATP 和还原型辅酶Ⅱ（NADPH）的过程。

光反应是在叶绿体的片层结构上进行的，与温度无关。它进行得很快，是以微秒计时的。光反应可分为三个阶段，首先是叶绿素把水分解为氢和氢氧根离子（水的光解），把氢与叶绿素化合；其次是氢氧根自已化合成双氧水；最后双氧水在过氧化氢酶的作用下分解出氧。

也可简单概括为水的光解、放氧同时形成 NADPH 和 ATP。也就是叶绿体色素分子吸收光能，并传递到少数特殊状态的叶绿素 a 分子（原初电子供体）上，它就被光激发，立即给出高能电子，被原初电子受体接受，即在原初电子供体与原初电子受体之间，发生了氧化还原反应，这就是原初光化学反应，这样就将光能转变为化学能。这些少数特殊状态的叶绿素 a 分子因给出高能电子而具有强氧化性，这样就使水被氧化分解放出氧气、质子（H^+）和电子。由于水被氧化是由光引起的，故称为“水的光解”。

原初电子受体接受电子后，引起电子在电子传递体之间传递，最后传递给氧化型辅酶Ⅱ（$NADP^+$），它得到电子后再从叶绿体基质中得到 H^+ 而成为 NADPH。在电子传递过程中将原初光化学反应中由光能转换成的不稳定的化学能，转化为比较稳定的化学能储存在 NADPH 和 ATP 中（图 4－19）。

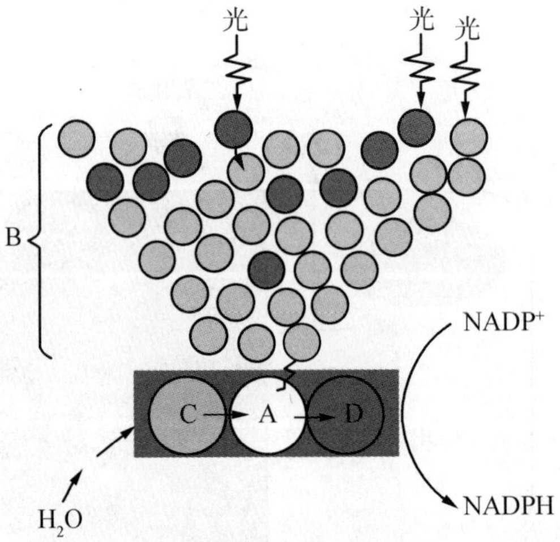

图 4－19 光反应示意图

暗反应是利用 ATP 和 NADPH 的化学能使二氧化碳还原成糖或其他有机物的一系列酶促过程，是在叶绿体基质中进行的不需要光直接参与的化学反应部分。在光下和暗中都能进行。暗反应可简单概括为利用光反应中生成的 NADPH 和 ATP，在一系列酶的参与下，将二氧化碳固定并还原成有机物的过程。这样就将暂储存于 NADPH 和 ATP 中的能量转到有机物的键能中。

不同的植物，暗反应的过程不一样，而且叶片的解剖结构也不相同。这是植物对环境适应的结果。暗反应可分为 C_3、C_4 和 CAM 3 种类型。

C_3 途径（卡尔文循环）

卡尔文循环的产物不是葡萄糖，而是三碳的丙糖，它在叶绿体中不能积累，需通过一系列转化形成淀粉，作为光合作用的产物，暂时储存于叶绿体中，或输出叶绿体，在细胞质中转变为蔗糖。一般以淀粉和蔗糖作为光合作用的产物。

C_4 途径

这是甘蔗、玉米和高粱等起源于热带的植物的同化途径。其最初产物为一种四碳化合物草酰乙酸，因而称为 C_4 途径。而且其二氧化碳的固定是在叶肉细胞中进行的，而二氧化碳的同化则是在维管束鞘细胞中进行的。

C_4 植物叶片的结构很独特，含有两种不同类型的光合细胞，各具不同的叶绿体。围绕着维管束鞘细胞周围的排列整齐致密的叶肉细胞中的叶绿体，具有发达的基粒构造，而维管束鞘细胞的叶绿体中却只有很少的基粒。

C_4 途径的存在，使二氧化碳不致成为光合作用的限制因子，从而提高了光合效率。这通常是 C_4 植物的生产效率明显高于 C_3 植物的重要原因之一。

CAM 途径（景天科植物酸代谢）

景天科植物在夜间打开气孔，吸收二氧化碳，转化为苹果酸，储存在液泡中。在白天，气孔几乎完全关闭，苹果酸从液泡中运出，在酶的催化作用下分解，生成二氧化碳，进入叶绿体中，被固定为糖类。这种方式对景天科植物适应干旱地区的生长有重要意义。

新陈代谢是生命的基础特征之一，它的意义自然无需赘述，其过程值得了解，因为在你尽情享受自己的生命的时候，正是体内新陈代谢作用在默默奉献着。

生物要维持生命活动，必须不断地从外界获取物质能量，这就需要通过新陈代谢来实现物质能量的转换。不同种类的生物具有其特有的新陈代谢方式。新陈代谢是生命的基础特征之一。生物在尽情享受自己生命的时候，体内的新陈代谢正默默地发挥着作用，为生命活动提供力量。

5　生命的延续与发展

四五月份，柳絮漫天飞舞。台湾作家张晓风曾感叹：“不能不被生命豪华的、奢侈的、不计成本的投资所感动。也许在不分昼夜的飘散之余，只有一颗种子足以成树，但造物者乐于做这样惊心动魄的壮举。”

生命纵有长短，但是几乎所有的生物，都会想方设法将自己的遗传信息传递给下一代以保持种族的延续，也就是我们常常说的生殖或者繁殖。只是繁殖的方式不同，地球上每时每刻都有生命体做出这样或那样的“惊心动魄的壮举”。人类为不断发现的“生命的壮举”而震撼和感动。

5.1　千奇百怪的繁殖方式

繁殖是所有生命都有的基本现象之一。我们的“邻居”——房前的桃李，屋后的榆柳，门前的黄狗，院中的母鸡……它们每个现存的个体都是上一代通过繁殖而存在的，即使某些个体发生了突变也仅仅是少量特性发生了改变，生物体大部分的遗传物质及表达出来的性状和祖先们没有太大的差异，你熟悉它们。但你知道自然界的其他居民延续后代的方式吗？这些“居民”的繁殖种类又有哪些呢？

5.1.1　无性繁殖

原始生命产生以后，它们是怎么延续后代的呢？生命之初，单细胞生物和原始低等生物是无性生殖繁衍后代。

无性繁殖是最简单最原始的繁殖方式，不需要两性生殖细胞（精子和卵子）的结合，由母体直接产生新个体。无性繁殖最典型的特点是只牵涉一个个体，它主要分为分裂生殖（细菌及原生生物）和出芽生殖（水螅等）。但是事实上无性繁殖并不局限于单细胞生物，多数的植物都可进行无性繁殖。比如蕨类植物会进行孢子生殖，还有我们常吃的草莓，它们的匍匐茎可以进行营养生殖。

这种生殖方式具有缩短生长周期、保留母本优良性状的特点。

（1）分裂生殖

分裂生殖是单细胞生物中最常见的一种生殖方式。比如变形虫、细菌的分裂生殖是最简单的。草履虫能够进行横二分裂繁殖（图5-1），因为它含有两个核，分裂时小核进行有丝分裂并出现纺锤丝；而大核则进行无丝分裂，不形成纺锤丝，大核先伸长膨大，然后再浓缩集中，最后一分为二。

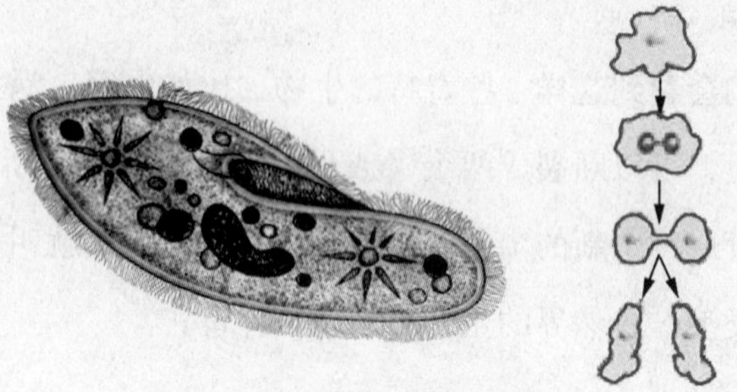

图5-1　草履虫及其分裂生殖

（2）出芽生殖

这种生殖方式比较好理解，即从母体上长出芽，由芽发育成新个体的生殖方式，在自然界中广泛存在。酵母菌就是出芽生殖，它的细胞核分裂，其中一个子核进入细胞表面突出的芽体内，成为子细胞。水螅（图5-2）及部分高等植物中也都存在着出芽生殖这种现象。

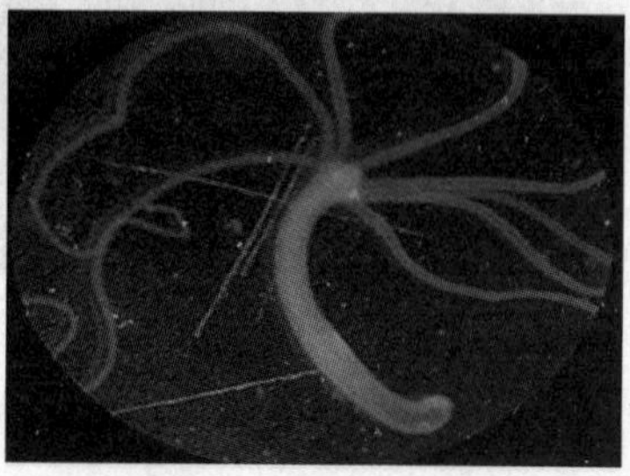

图5-2　水螅出芽生殖

（3）孢子生殖

自然界中还有一类生物，它们的身体长成以后能够产生一种细胞，这种细胞不经过两两结合，就可以直接形成一个新个体。这种细胞叫作孢子，而这种生殖方式就叫孢子生殖。比如根霉，它的顶端常常形成孢子囊，里面会产生孢子。孢子落在阴湿而富含有机质的温暖适宜环境中，就能够发育成新的根霉。一般的低等植物和真菌都是以这种生殖方式进行繁殖的，比如铁线蕨、青霉和曲霉等。

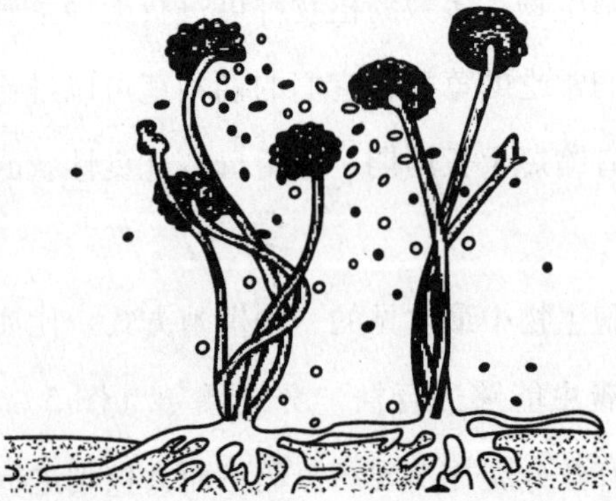

图5-3　孢子生殖

（4）断裂生殖

在生活中我们会看到这样一些奇特的生物，比如水绵、涡虫等，它们的个体受到外力的作用时，可以断裂成两个（或更多）片段，这些断裂的片段经过一段时间后就可以发育成一个新的个体。这类生物的生殖方式就叫作断裂生殖，也是无性生殖的一种类型。自然界的生物是不是很神奇？

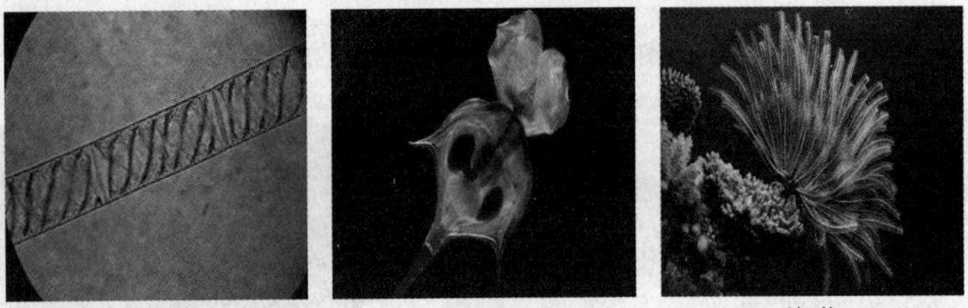

水绵　　涡虫　　海葵

图5-4　可进行断裂生殖的生物

（5）营养生殖

俗语说的“无心插柳柳成荫”就是植物的营养生殖。这种生殖方式在植物中非常常见，比如，马铃薯的块茎、草莓的匍匐枝、秋海棠的叶，都能生芽，而且这些芽都能够长成新的个体。

值得指出的是，在自然状态下进行营养繁殖，叫作自然营养繁殖，如草莓的匍匐枝、秋海棠的叶、马铃薯的块茎；在人工协助下进行的营养繁殖，叫作人工营养繁殖，如扦插、嫁接等。

营养生殖的特点是能够使后代保持亲本的性状，因此，人们常用分根、扦插、嫁接、压条等人工的方法来繁殖优良的花卉和果树品种。

（6）组织培养

随着近代生物技术的飞速发展，科学家发现植物细胞具有全能性，于是根据这个特点，人们利用植物的组织培养技术，实现了植物的快速繁殖。植物的组织培养并不是简单地取下植物体的一部分就可以长出新的个体，它是一个利用生物学技术进行的复杂的培养过程。大致过程是：首先在无菌的条件下，将植物器官、组织或者细胞切下，放在适当的培养基上培养，于是这些器官或组织就会在适宜的条件下进行细胞分裂，并形成新的组织。不过，这种新的组织并没有发生细胞分化，只有当在适当的光照、温度和一定的营养物质与植物激素等的条件刺激下，这部分细胞才会开始分化，并产生组织或者器官，进而发育成一棵完整的植株。

我们生活中经常会在果树和花卉的快速繁殖方面用到植物的组织培养这项技术，其不仅仅是因为这种繁殖方式取材少，培养周期短，繁殖率高，可以培育无病毒幼苗，而且还便于自动化管理。比如，一个牡丹花的茎尖，可以在一年内产出 30 万株牡丹花苗。因为长期进行无性繁殖的植物，体内往往会积累大量的病毒，从而影响植物的产量或观赏价值，经过植物学家们的研究发现，植物只有茎尖和根尖中不含有病毒，因此，人们利用茎尖进行组织培养，便会得到多种植物（如草莓、牡丹花）的无病毒株，进而取得可观的经济效益，所以说科技的进步对人类贡献非常大。

（7）克　隆

1996 年英国科学家利用克隆技术培育出了一只叫“多莉”的小母羊，“多莉”的问世标志着生物新世纪的到来。随即“克隆”这个词在生物界甚至在普通大众口中流传开来。

“多莉”的出生过程是，科学家先将含有母羊的遗传物质的体细胞的核移植到去除了细胞核的卵细胞中，利用微电流的刺激等使这两种细胞物质融合为一体，然后经过处理促使这一新细胞分裂发育成胚胎，当胚胎发育到一定程度以后，再被植入到另一只母羊的子宫中使其怀孕，经过一段时间的发育便可产下与提供细胞者基因相同的小羊。在这一过程中如果对供体细胞进行了基因改造，那么无性繁殖的动物的后代基因就会发生相同的变化，产生改变后基因的性状。

克隆技术的特点是它的过程不需要雌雄交配，也不需要精子和卵子的结合，只需从动物身上提取一个单细胞，利用人工的方法将其培育成胚胎，然后再将胚胎植入到雌性动物的体内，就可孕育出一个新的与母体性状相同的个体。美国和英国科学家先后培养出了克隆猴和克隆羊。克隆技术的成功，被人们称为“历史性的事件，科学的创举”。有的人甚至认为，克隆技术可以同当年原子弹的问世相提并论。

美国内布拉斯加州奥马哈市的一家动物园有3条雌性锤头鲨生活在一个水箱中，它们被捕捉时全都尚未成年，此后也从未接触过雄性。忽然有一天，水箱中诞生了一条小鲨鱼，这条小鲨鱼的诞生引起了人们很大的困惑与争论。最近，科学家通过DNA鉴定确认，这条神秘的小鲨鱼是无性生殖的产物。科学家们推测，在难以找到雄性时雌性鲨鱼可能通过无性生殖来繁殖后代。但是无性生殖过程限制了后代的基因多样性，使物种在面临环境变化和疾病时较难适应。此前，科学家们曾在一些鸟类、爬行动物、两栖动物及鱼类身上发现无性繁殖现象，随着科学技术的深入发展，某些高等生物的无性生殖也逐渐被发现。

虽然大部分的无性繁殖都有生长速度快，能保持母本的优良特性、繁殖速度快等优点，但是在地球这个适宜生物生存的大环境中，有性生殖却依然是繁殖的主力，无性繁殖有它自身的局限性，比如不容易发生变异，所以适应外界环境条件的能力差；还有就是繁殖方法不如有性繁殖那样简便，尤其是环境适应性差这点，给无性繁殖的“市场”带来相当大的局限性。

5.1.2 有性繁殖

有性繁殖指由亲本产生有性生殖细胞（又叫配子），经过两性生殖细胞的结合，成为受精卵，然后再由受精卵发育成为一个新的个体的生殖方式。

低等的无脊椎动物绝大多数为卵生；少数为卵胎生，即卵与精子结合后留在雌性体内发育，其所需营养由卵来供应，如田螺等。也有的为胎生，即雌体产生的卵受精后留在体内，吸收母体的营养发育成幼体再产出体外。有些低等动物中，雌雄性细胞的大小、形态等基本相似，难以辨别，称为同形配子；但多数动物的配子的形态不同，称为异形配子。如人类雄配子——精子多为蝌蚪状，雌配子则呈球形。有些无脊椎动物是雌雄同体（如涡虫、蚯蚓等），生殖也是精卵结合，不过有时是自己本身的精子和卵子结合，此行为称自体受精，或者与其他个体进行异体受精。

有性繁殖发生的直接证据，最早是在澳大利亚中部的苦泉燧石中发现的，这里有植物经过减数分裂产生了四分孢子的化石。化石的年龄大约为10亿年，于是古生物学家判断有性繁殖实际出现的时间应该还要早些，大约是在真核生物产生后不久就出现了。从动、植物生殖细胞的形成过程中均有复杂的减数分裂这种情况来看，有性繁殖这种方式应该起源于动、植物分化前，但是这还仅仅是一种推测，并没有确凿的证据。

一般来说，高等生物都是有性繁殖，这种生殖方式有自己独有的优势，它最主要的特征是经过两性生殖细胞的结合，成为受精卵，然后再由受精卵发育成为一个新的个体。因此也是生物界最常见、最重要的生殖方式。

我们拿被子植物为例，被子植物在白垩纪爆发性地大量出现，繁衍至今，成员遍布世界的每个角落。它们花开花谢，繁衍生息，看似平静无奇，实则不知蕴藏多少心思，因为植物为繁衍后代费尽心血，几乎每一种植物都有其独特的交配和繁育后代的方式……

有性繁殖这种延续后代的方式在生物学上具有重要的意义。这样产生的新个体不但继承了双亲的遗传性状，保持了种族的遗传特性，而且有性繁殖中基因组合的广泛变异能增加子代适应自然选择的能力。虽然有性繁殖产生的后代中随机组合的基因对物种可能有利，也可能不利，但至少会增加少数个体在难以预料和不断变化的环境中存活的机会，所以从整体上说对物种有利。

（1）植物的有性生殖

植物开花了，姹紫嫣红，芳香四溢，引得昆虫鸟雀这些“好色”之徒纷至沓来，这儿停一停，那儿靠一靠，流连忘返之中，把从这朵花上沾来的花粉撒落到了另一朵花上，乐此不疲地帮助植物完成了一生中的大事——传宗接代。

原来花是这些植物生息繁衍的生殖器官。它们也有性别之分，有雌花、雄花、两性花。有的植物雌雄同花，有的雌雄异花，有的雌雄同株，有的雌雄异株。这些植物采用的是有性生殖方式，也称种子繁殖。由雄蕊提供精细胞，雌蕊提供卵细胞和受精场所，通过自花授粉和异花授粉两种方式，把雄蕊花丝上的花粉传播到雌蕊柱头上，精细胞、卵细胞二者结合，即完成受精过程。自花授粉一般指同一朵花雄蕊对雌蕊进行授粉，如小麦、大麦、豌豆等就是自花授粉；雄蕊与雌蕊没有长在同一朵花里，雌蕊靠外力接受另一朵花的花粉叫异花授粉，如苹果、南瓜、油菜等就是异花授粉。异花授粉的植物主要靠昆虫或风力来传播花粉，这些植物的花朵往往色泽艳丽、香气浓郁，或者有美味的花蜜以吸引传播者，这下我们知道植物香艳为哪般了。

植物卵细胞受精后，发育成果实和种子，完成了有性生殖。有性生殖可以增加后代变异的机会，为适应环境增加了更多新的可能性。对植物的生存和进化具有重要意义。

（2）鸟的生殖

鸟的生殖具有明显的季节性，大多数鸟在春季繁殖。在繁殖季节，许多鸟会选择合适的场所构筑巢穴，而且雄鸟会表现出各种各样的求偶行为。求偶成功，雌雄鸟进行交配。主要为体内受精，在雌体内进行，雄鸟将精子送入雌鸟体内，与雌鸟体内的卵细胞进行结合，形成受精卵。受精卵在雌鸟的输卵管内下行时，会被输卵管壁分泌的卵白、卵壳膜和卵壳所包裹，最后由泄殖孔排出体外。精子与卵细胞在雌鸟体内结合成受精卵。于是雌鸟产下具有坚硬外壳的大型卵。体内受精成功率比体外受精成功率要高很多。

以鸡为例，鸡蛋有卵壳起保护作用；还有气室，有利于胚胎发育时气体的交换，并为胚胎发育提供氧气；还有卵黄膜起保护卵细胞的作用，卵细胞即卵黄为胚胎发育提供主要营养物质，卵黄内含细胞核，是进行胚胎发育的部位。卵白在鸡蛋中是蛋清，有保护卵细胞并为胚胎发育提供营养物质和水分的作用。

未受精的卵，胚盘色浅而小；已受精的卵，胚盘色浓而略大，这是因为胚胎发育已经开始了。

（3）哺乳动物的生殖

对于哺乳动物来说，它们的生殖从受精过程开始。受精过程可以说是神圣的，因为受精是新生命的起点，是精子、卵子各自的单倍体基因组相融合形成二倍体合子的事件。在通常的情况下，受精过程包括精卵相遇，即动物的卵子和蝌蚪状的精子彼此间有相互吸引的化学物质，使同种的精子与卵子相互识别，然后精子头部释放一种化学物质，它们就像敲门砖敲开了卵子的大门，然后精子穿入卵子，引发卵子发生一系列变化，最终二者原核融合，形成二倍体的合子。受精过程到此结束，精子完成了伟大的使命——与卵子结合形成受精卵。受精卵在母体的子宫内着床，并发育成胚胎，然后进一步发育形成一个幼体，最后来到这个五彩缤纷的世界上。那么，我们人类的生殖是怎样的呢？

人类的生殖是通过不同性别的个体——男人和女人的生殖器官的活动来实现的。

女性的生殖器官包括内生殖器（阴道、子宫、输卵管、卵巢）、外生殖器（阴阜、大阴唇、小阴唇、阴蒂、阴道前庭）及其相关组织。男性的生殖器官也包括内、外生殖器两个部分。内生殖器包括生殖腺体（睾丸）、排精管道（附睾、输精管、射精管和尿道）以及附属腺体（精囊腺、前列腺和尿道球腺），外生殖器包括阴囊和阴茎。一进入青春期，女性性器官卵巢排出成熟的卵子，直径约为0.2毫米；男性性器官睾丸排出成熟的精子，形状类似小蝌蚪，是体内最小的细胞，长约0.06毫米。卵子与精子相逢结合，成为繁殖后代的重要物质基础。

女性的卵巢是一对扁椭圆形的性腺器官，左右各一，位于盆腔内子宫的两侧。它的主要功能除分泌女性必需的性激素使女子具备正常的生理特征外，就是产生卵子使女子具备正常的生育能力。女性出生时，卵巢中已储存数百万个卵母细胞，但一般情况下，从月经初潮到绝经期，只有500左右的卵原细胞能够发育成熟，其余的便自生自灭了。生育期的女性，在下次月经来潮前14天左右，卵巢大都排出一个成熟的卵子，经输卵管伞端捡拾，上皮细胞纤毛的作用，几分钟后进入输卵管的壶腹部，停留2~3天，期待与精子的相逢。

男性的睾丸呈扁椭圆体，左右各一，位于阴囊内。它的主要功能除分泌雄性激素外，就是产生精子。不要以为精子与卵子相会是轻而易举的事。就像铺天盖地的柳絮一样，精子采取了“精海”战术，以确保和卵子相遇。男子每次射精排出数千万个精子，经由阴道、子宫颈管、宫腔游动到输卵管。可这段旅途对于小小的精子来说还是比较艰辛漫长的，能到达子宫的精子只有约100万个，而最终只有100～200个精子能到达输卵管，精子们争先恐后希望第一个进入卵子，因为只要有一个精子先攻破卵子的外围组织，进入卵细胞，其他的精子就不可能再进入同一个卵子了。精子进入卵细胞，精、卵的原核相融，来自父母的各23条染色体融合成23对，形成了一个含有46条具有遗传基因的染色体的新细胞，这个新细胞就是受精卵或孕卵。受精卵一边分裂，一边继续移动至子宫，安营扎寨，一个新的生命要在这里悄悄地孕育成长了。

但也有例外，有的女性一个受精卵发育成两个或两个以上胚胎，就形成了单卵孪生、单卵多胎；有的同时排出了两个或两个以上的卵子，如果分别与精子相结合，就出现了双卵双胞胎和多卵多胞胎。多胞胎可以是单卵性、多卵性或混合性的，又以混合性的居多。

（4）其他方式

有性生殖中除精卵结合外，还有其他形式。

1）孤雌生殖。孤雌生殖即一种单个卵细胞发育成个体的无性繁殖方式，虽然孤雌生殖在脊椎动物中都有发现，但是在哺乳动物中进行孤雌生殖必须有人的帮助才行。有些动物的生殖不需雄体参加，只是雌体产生卵。此卵不与精子结合，即可发育成新的个体，实际上这是单性生殖。其卵发育成的子代一般均为雌性个体。少数动物至今只有雌性个体，尚未发现雄性个体的存在，一生中只进行孤雌生殖，如某些轮虫。有些动物的生殖是两性生殖与孤雌生殖并存，如蜜蜂，未受精的卵发育成雄蜂，卵受精则发育成雌性的工蜂和蜂王。有的动物在一生中有一段时期进行两性生殖，另一时期进行孤雌生殖，如蚜虫，在其生活史中，大多数时间进行孤雌生殖，只到秋末时才进行两性生殖，产生的卵与精子结合后，休眠越冬，次年再发育成雌性蚜虫。有人认为孤雌生殖是无性生殖。

2）幼体生殖。一般动物的幼体生长发育成熟后，就会变成成体，它们的生殖器官才能产生精子或卵，从而进行有性生殖。但是某些动物的幼体并未发育为性成熟个体就可进行生殖，繁殖后代，所以这种生殖方式就叫作幼体生殖。不像其他有性生殖的生物产生受精卵，幼体生殖产生的不是卵而都是幼体，有的人把这种生殖方式归为胎生。还有比较特殊的一点是幼体生殖的母体在进行生殖时不需雄体的参加，所以它们没有卵精子结合的过程，因此幼体生殖实际上也可看成是孤雌生殖的一种类型。比如有一种瘿蚊，这种蚊子除了夏季进行两性生殖外，其余季节都进行幼体生殖。

3）多胚生殖。多胚生殖是指一个卵可产生两个或更多的胚胎，发育成多个个体的生殖方法。这种生殖为卵核分裂一次以后就形成两个胚胎，但大多数种类的卵核都经多次分裂，形成许多子核。膜翅目的一些寄生蜂类，发生胚胎的数量根据寄主的承受能力而有所不同，多的可产生 1 600 ~ 1 800 个，比如广腹细蜂以瑞典麦秆蝇为寄主时一个卵能产生 15 ~ 20 个胚胎，以甘蓝夜蛾为寄主时可产生 2 000 多个胚胎。

（5）有性生殖——生物进化的加速器

有性生殖中基因组合的广泛变异能增加子代适应自然选择的能力。有性生殖产生的后代中随机组合的基因对物种可能有利，也可能不利，但至少会增加少数个体在难以预料和不断变化的环境中存活的机会，从而对物种有利。

有性生殖还能够促进有利突变在种群中的传播。如果一个物种有两个个体在不同的位点上发生了有利突变，在无性生殖的种群内，这两个突变体必将竞争，直到一个被消灭为止，无法同时保留这两个有利的突变。但在有性生殖的种群内，通过交配与重组，可以使这两个有利的突变同时进入同一个体的基因组中，并且同时在种群中传播。

此外，进行有性生殖的物种其生活周期中都有二倍体的阶段。二倍体的物种每一基因都有两份，有一份在功能上处于备用状态。如果这个备用的基因发生突变，成为有新的功能的基因，但此时新功能还是潜在的。通过自发的重复和有性生殖中的遗传重组，这个新基因可与原有基因先后排列，这样便产生一个新的基因。二倍体物种可以用这样的方法使其基因组不断丰富。

由此可见，有性生殖加速了进化的进程。在地球上生物进化的 30 余亿年中，前 20 余亿年生命停留在无性生殖阶段，进化缓慢，后 10 亿年左右进化速度明显加快。除了地球环境的变化（例如含氧大气的出现等）外，有性生殖的发生与发展也是一个主要的原因。现存 200 余万种生物中，从细菌到高等动植物，能进行有性生殖的种类占 98% 以上，就说明了这一点。

5.1.3 世代交替

世代交替指的是在生物的生活史中，产生孢子的无性世代与产生配子的有性世代有规律地交替出现的现象。约在19世纪中期夏米索首先发现了原索动物的世代交替现象，但未加以重视；1841年，斯滕斯楚普也发现这种现象，并提出“世代交替”这一术语。

1851年德国业余植物学家霍夫迈斯特研究了苔藓和蕨类等高等隐花植物的生活史，并与裸子植物和被子植物的生活史进行比较后明确指出：苔藓、蕨类和种子植物的生活史中，无性生殖与有性生殖有规律地互相交替。他的名著《高等隐花植物世代交替的现象》的发表，使植物学发生了一次革命，启发人们去探讨植物之间的亲缘关系，同时也推动了细胞学和比较形态学向前发展。1894年，德国植物学家施特拉斯布格通过细胞学的研究发现世代交替实质上是二倍体细胞的个体与其单倍体细胞的个体互相交替。

（1）植物的世代交替

植物的世代交替是指在植物的生活史中，产生孢子的孢子体世代与产生配子的配子体世代有规律地交替出现的现象。

世代交替以蕨类植物比较明显，孢子体和配子体都能独立生活。二倍体的孢子体进行无性生殖时，孢子母细胞经过减数分裂产生单倍体的孢子，孢子萌发长成小型的能独立生活的配子体，叫作原叶体。原叶体在进行有性生殖时，分化出雌雄性器官，即颈卵器与精子器，并分别产生卵和精子。这两种配子结合形成了二倍体的合子。合子又长成下一代新的孢子体。世代交替在各类植物中，因孢子体与配子体的形态、大小、显著性、生活期限以及能否独立生活等方面的不同，差别很大，但基本过程与蕨类植物是一致的。

（2）动物的世代交替

在多种无脊椎动物生活环中有不同形态和不同生殖方式个体轮番出现的现象即为动物的世代交替，见于多种无脊椎动物中，在原生动物和后生动物中有所不同。有的交替过程表现为不同个体一代换一代；但也有的是一种个体在延绵若干代之后才被另一种个体所代替，这种现象称异态交替。交替的世代中有一代为无性个体而另一代为有性个体，称无性世代与有性世代交替；一代为单性世代而另一代为两性世代则称异性世代交替。

（3）科学家们的纷争

除了世代交替，还有一个在学术领域比较流行的词叫核相交替，核相指细胞核染色体的倍性。世代交替是指植物生活史中有两种核相细胞的个体有规律地互相交替的现象；而核相交替则指在有性生殖过程中，其单倍染色体的细胞与其二倍染色体的细胞，有规律地相互交替的现象。核相交替是所有进行有性生殖的生物中普遍存在的现象。例如衣藻、墨角藻、马尾藻这些单体型植物生活史中核相交替是明显的，但是它们有无世代交替则有不同见解。

有人认为核相交替也就是世代交替，也有人认为两者是有区别的。例如美国植物胚胎学家詹森和索尔兹伯里曾说："大多数绿藻配子体世代显著，孢子体世代可以简化到只有一个细胞的合子。"可见他们把合子作为一个世代。而另一种观点认为单体型植物的生活史中，只有一种核相细胞的个体，例如衣藻的合子和墨角藻、马尾藻的配子只是生活史上一个很短暂的单细胞时期，不能作为一种植物体或一个世代，所以认为单体型植物没有世代交替现象，只有核相交替。

各类植物间世代交替的差别很大，它们进化的趋向，是从等世代交替一方面趋向于配子体世代较为发达、显著，孢子体较小；另一方面趋向于孢子体越来越发达，配子体高度退化。在被子植物的世代交替中，孢子体占绝对优势，而配子体只由几个细胞组成。

研究世代交替的主要意义是阐明了合子是配子结合而成的，并萌发成孢子体，而孢子是从孢子体产生的，并萌发成配子体。至于孢子体和配子体是否必须经过互相交替还是次要的问题，因为有的植物生活史中，配子体产生配子之前有时会通过营养繁殖再产生配子体，比如地钱。而有的植物，孢子体不产生孢子而直接产生配子体叫作无孢子生殖；有时不经过配子结合，而直接由配子体产生孢子体，叫作无配子生殖。无孢子生殖和无配子生殖的现象在真蕨中十分普遍，在苔藓植物中较为少见。

5.2 神奇的发育过程

生命是一个过程，生物一般要经过受精、发育、成熟、繁衍、死亡这些过程，只不过其中的一些方面由于基因的原因而有所不同。真核生物的发育一般分为两类：植物的发育和动物的发育。

5.2.1 植物的个体发育

植物的个体发育指植物生命所经历的全过程，从受精卵的最初分裂开始，经过种子萌发、营养体形成、生殖体形成、开花、传粉、受精、结实等阶段，直至衰老和死亡。但一般以种子萌发为开始阶段。构成植物个体的细胞和器官也有其自身发端、形成和衰老的发育过程。发育包括生长和分化。

生长指植物细胞、组织和器官在数量上的不可逆的增加。分化是在生长过程中发生细胞的特化，即由一种相同的细胞类型经细胞分裂后逐渐变成结构与功能不相同的细胞类型，如薄壁细胞分化成厚壁细胞、木质部、韧皮部等。细胞分化的结果是建成各种组织和器官。从营养体到生殖体的转变即花芽分化，是植物一生中十分重要的分化过程。

各种植物发育所经历的阶段常有很大的区别。在一个生长季内完成从种子萌发到营养体建成到开花结实的植物，称为一年生植物（或一次结实植物）。有的植物在营养体生长多年之后才开始达到开花阶段，开花后营养体即衰老死亡（如刚竹），这些植物称为多年生一次结实植物。许多木本植物具有多次开花结实的习性，它们每年开花结实后，营养体并不衰退，这些植物称为多次结实植物。

对于进行有性生殖的生物来说，个体发育的起点是受精卵。那么，对于植物来说，小小的受精卵是怎样发育成为一个性成熟的个体的呢？被子植物的个体发育过程可以大致分为种子的形成和萌发、植株的生长和发育等阶段。

被子植物的双受精（卵细胞和核同时受精的现象是被子植物的受精方式）完成以后，一般说来，花被和雄蕊首先凋谢，柱头和花柱也随之萎缩，只有子房继续生长发育。在子房的胚珠里面，受精卵逐渐发育成胚，受精的极核逐渐发育成胚乳。

首先来说一下胚的发育，不同植物的胚，发育的过程大体相同。以荠菜为例，受精卵经过短暂的休眠以后，就开始进行有丝分裂。在第一次分裂形成的两个细胞中，靠近珠孔的一个叫作基细胞，远离珠孔的一个叫作顶端细胞。顶端细胞经过多次分裂，形成球状胚体。基细胞经过几次分裂，形成一列细胞，构成胚柄。胚柄可以从周围组织中吸收并运送营养物质，供球状胚体发育。研究表明，胚柄还能产生一些激素类的物质，促进胚体的发育。在胚体发育完成后，胚柄就退化消失了。由于球状胚体顶端两侧的细胞分裂速度比较快，就形成了两个凸起，这两个凸起逐渐发育成两片子叶。两片子叶之间的一些细胞发育成胚芽，胚体基部的一些细胞发育成胚根，而胚芽与胚根之间的细胞则形成胚轴。这样，子叶、胚芽、胚轴和胚根就构成了荠菜的胚。

除了胚进行发育以外，植物的胚乳也没有休息，受精的极核不经过休眠，就开始进行有丝分裂，经过多次分裂形成大量的胚乳细胞。这些胚乳细胞构成了胚乳。

多数双子叶植物在胚和胚乳发育的过程中，胚乳逐渐被胚吸收，营养物质储存在子叶里，这样就形成了无胚乳种子，如大豆、花生和黄瓜等。多数单子叶植物在胚和胚乳发育的过程中，胚乳不被胚吸收，这样就形成了有胚乳的种子，如小麦和玉米等。

在胚和胚乳发育的同时，珠被发育成种皮。这样，整个胚珠就发育成种子。与此同时，子房壁发育成果皮，整个子房就发育成果实。果实和种子成熟以后，便从母体上脱落下来。如果遇到合适的环境条件，种子就会萌发并长成幼苗，有些植物的种子需要经过一段时间的休眠才能萌发。

萌发出来的幼苗经过一段时间的生长，成为一株具有根、茎、叶三种营养器官的植株。植株生长发育到一定阶段，就开始形成花芽，接下来便是开花、结果。花芽的形成，标志着生殖生长的开始。对于一年生植物和二年生植物来说，在植株长出生殖器官以后，营养生长就逐渐减慢甚至停止。对于多年生植物来说，当它们达到开花年龄以后，每年营养器官和生殖器官仍然生长发育。其中营养器官的生长发育包括：根和茎顶端分生组织的活动，使茎不断长高，根不断伸长。与此同时，由于茎和根的形成层的活动，茎和根不断长粗。这样，多年生植物就逐年长大。

植物叶片大多数是深色（如绿色、蓝色等）的。深色的叶片吸收光和热的本领较强。植物通过光合作用可产生淀粉、脂肪、蛋白质等有机物，实现光能转化为化学能，这正好符合能量守恒定律。植物的根具有向地生长的特性，这是植物对重力作用的反应。土壤中矿物质营养成分必须溶于水后才能被根吸收，这就是扩散现象。有些植物的花瓣内有芳香腺，通过扩散放出特殊香味，花冠的芳香与色彩有利于昆虫传粉。

植物吸收的水分绝大部分从叶面蒸发到空中，这样可形成一种蒸腾拉力。这种拉力是根系对水分、矿物质养分吸收以及矿物质在植物体内传导的主要动力。植物通过蒸发吸热还可以调节叶面温度，这样，树叶不至于因温度过高而灼伤。仙人掌生活在干旱的荒漠，它的叶变化成叶刺，通过减小蒸发表面积大大降低水分蒸发。

有些植物的生长还依赖大气压，如爬山虎茎上的卷须顶端变成吸盘，依靠大气压吸附在墙壁上或大树上向上生长。有些植物果实的果皮向外延伸形成翅状，借助风能，飘到远方。椰子果实内的中果皮富含纤维且充满了空气，这样可以借助浮力漂洋过海、定居彼岸。

世界上还存在另一类叫作蕨类植物的生长发育方式，蕨类植物也称为羊齿植物，它和苔藓植物一样都具有明显的世代交替现象，无性生殖是产生孢子，有性生殖器官具有精子器和颈卵器。但是蕨类植物的孢子体远比配子体发达，并且有根、茎、叶的分化和由较原始的维管组织构成的输导系统，这些特征又和苔藓植物不同。蕨类植物产生孢子，而不产生种子，则有别于种子植物。蕨类植物的孢子体和配子体都能独立生活，蕨类植物是介于苔藓植物和种子植物之间的一个大类群。

现在地球上生长的蕨类有12 000多种，其中绝大多数为草本植物。在我国生长的有2 600余种，多数分布在西南地区和长江流域以南各省以及台湾等地，仅云南省就有1 000多种，无愧有“蕨类王国”之称。

5.2.2 动物的发育

动物的发育最常见的一种形式是胚胎发育，一般常见于哺乳动物，还有一种为卵胎生，常见于鱼类、爬虫类、贝壳类动物。除此以外，昆虫的发育和两栖类的发育属于变态发育。下面我们分别来讲一下它们的发育过程。

（1）昆虫的发育

昆虫的发育主要分为两种，一种是完全变态发育，另一种是不完全变态发育。

我们所说的完全变态发育是指昆虫在由受精卵发育成新个体的过程中，主要经过受精卵、幼虫、蛹、成虫四个时期，而且幼虫与成虫在形态结构和生活习性上有显著的不同。如我们生活中常见的蜜蜂、蝶、家蚕、蛾等。而不完全变态发育是指有些昆虫的发育过程要经过受精卵、幼虫（陆生若虫和水生稚虫）、成虫三个时期，而且幼虫与成虫在形态结构和生活习性上非常相似。比如蝗虫、蟋蟀、蝉等。

幼虫发育过程中，当受到外骨骼的限制不能再长大时，它们就会脱掉原来的外骨骼，叫作蜕皮。在发育过程中，家蚕约蜕皮 4 次，蝗虫约蜕皮 5 次。以蝗虫为例，蝗虫在不完全变态发育过程中，没有蛹期，由卵孵出的幼虫，形态很像成虫，只是体小无翅，生殖器官没有发育成熟，这样的幼虫叫作若虫（蝗虫的若虫叫作跳蝻）。它没有翅，但是能够跳跃。蝗虫在第 3 次蜕皮以后（3 龄以后），翅芽显著，第 5 次蜕皮以后（5 龄以后），发育成能飞的成虫。也就是说，3 龄以前的跳蝻翅未长成，活动范围小、密集，因此，生活中灭蝗主要消灭 3 龄以前的跳蝻，就是这个道理。

（2）鸟类的发育

鸟类的发育是从受精卵开始的。也就是说，鸟类的胚胎在雌鸟体内就已经开始发育了，当产出体外后，由于外界温度低于鸟的体温，胚胎会停止发育；在雌雄鸟的交替孵化下，胚胎才可以继续进行发育。一般来说，个体小的鸟类产的卵孵化时间较短；个体越大，卵的孵化时间会越长。每一种鸟孵卵的时间是一定的。有些晚成鸟的雏鸟破壳而出后，亲鸟要照顾它一段时间，这个过程被称为

“育雏”。

一般来说，绝大多数鸟类是在春天筑巢和产卵。筑巢是鸟类繁殖活动中的一个显著特点。而鸟巢不仅仅是鸟类爱的小窝，它还是为鸟类提供繁殖和育雏的场所。鸟巢能使鸟卵聚集在一起，让所有的受精卵能够同时被巢内的亲鸟所孵化，而且鸟巢有一定的保温作用，有利于孵卵。由于很多鸟类把巢筑在非常隐蔽的地方，再加以伪装，因而鸟巢还有利于躲避敌害。

（3）哺乳动物的个体发育

哺乳动物的个体发育分为胚前发育、胚胎发育、胚后发育。胚胎发育包括受精、卵裂、囊胚形成、原肠胚形成、神经胚形成、器官形成、发育为幼体。胚后发育主要指幼体通过生长发育为成体，再经历衰老死亡的过程。

哺乳动物的发育从受精卵开始，从精子与卵细胞相遇形成受精卵以后，受精卵就开始了第一次卵裂。受精卵通过连续的分裂，产生大量细胞，然后细胞迁移、聚集、分化，共同构建新生命的基本结构，并在生命体出生时，提供独立的小生命所必需的器官。新生命诞生到这个五彩缤纷的世界中后，经历幼年、成年、老年，过完它的一生。每个物种都有其存在的价值和意义，只是很多物种存在的价值一直没有被发现。

（4）人类宝宝的诞生过程

人类爱的结晶——小小的受精卵经过在输卵管里的一番跋涉寻觅，终于来到子宫——这个舒适安全的家，附着在子宫内膜上，从此“生根发芽”了。

1）种子要“发芽”。受精卵来到宫腔时已发育成胚泡，胚泡由滋养层、胚泡腔、内细胞团三部分构成。滋养层细胞，逐步形成胚盘及绒毛膜。内细胞团于第二周时形成二层的胚盘。接着，胚盘由二胚层转变为三胚层，分别是外胚层、中胚层和内胚层。这三个胚层在第四周到第八周逐步分化成胎儿的器官及组织。胚胎的外胚层主要分化成神经系统、皮肤表皮及其附属器等；中胚层主要分化形成肌肉、骨骼、心血管系统、泌尿生殖系统的大部分；内胚层主要分化成消化系统、呼吸系统的上皮组织及有关腺体等。受精卵发育至初具人形，这段时期被称为胚胎完成期，是人胚外形及内部器官、系统原基发生的重要时期。

2）宝宝想长大。从第九周开始，胚胎升级为胎儿了。他（她）努力生长，让自己变得更强大，为出生做准备。他（她）的身高、体重不断增加，到出生时可达到51厘米、3 200克左右。他（她）的头部不断增大，大脑中生成数十亿神经元细胞；身上的软骨发育成为真正的骨骼，到出生时最多可有300多块骨头（骨骼和软骨的总数），头骨还没有完全闭合，较软，便于出生时顺利地通过相对狭窄的产道；他（她）的肾脏和肝脏已经完成发育，开始代谢废物了；体内脂肪迅速累积，来帮助他（她）适应离开子宫后外界更低的温度，并提供出生后头几天的能量和热量，而脂肪层还使胎儿皱皱的皮肤变得丰满起来；他（她）已经会吞咽脱落的物质和其他分泌物，这对他（她）的消化系统很有好处；肺已逐渐发育成熟，为出生后呼吸空气做好了准备；听觉神经系统已发育完全；眼睛能够睁开闭合，分辨出光亮和黑暗；手指甲和脚指甲完全长了出来；头发已经长了出来；胎儿的生殖器官已经形成，有性别之分了……一般来说，胎儿在37周前出生视为早产儿；42周后出生视为过期产儿；37～42周出生的为足月产儿。现在他（她）已经完成了大部分的身体发育，为子宫外的生活做好了准备。

生物的繁殖方式、发育过程是多样的。无性繁殖简单原始，这种繁殖方式能够缩短生长周期、保留母本优良性状，但适应外界环境的能力差。有性繁殖能增加子代适应自然选择的能力，促进有利突变在种群中的传播，加速进化的进程，是生物界最普遍的繁殖方式。生物适应环境选择不同的繁殖方式，产生新的个体，使生命得以延续，生生不息。

6 生命的规律——遗传与变异

在日常生活中，子女在很多方面的表现与其父母非常相像，如长相、行为、某些生理指标等，这种子代与亲代相似的遗传现象不仅存在于人类，在动物、植物、微生物甚至病毒中也普遍存在。人们常说的“种瓜得瓜，种豆得豆”就是对遗传现象的生动描述。

然而，子代与亲代之间只是相似，并不完全相同，这种子代与亲代之间以及同一世代的不同个体之间的差异就是变异。“一母生九子，九子各不同”就是对变异的通俗解读。

生物体繁殖下一代的过程不仅仅是简单地增加了自己种族的数量，还会把自己的性状传递下去，就是我们常说的遗传。遗传使生物体的特征得以延续，维持了物种的相对稳定。

变异导致物种和生物类型的多样性，为生物的进化奠定了物质基础。这存同求异的遗传与变异是生命活动的基本规律，在生物的进化及发展过程中起着至关重要的作用。

6.1 遗传的基础

人们对遗传的认识要追溯到公元前3世纪，古希腊的哲学家亚里士多德认为遗传是通过血液进行的，子女由于接受了父母的一部分血液而表现与双亲的相似性。这种观点流传很久，现在仍在沿用血统、血缘关系之类的名词。

19世纪初，法国的博物学家拉马克提出获得性遗传的见解，即每一世代后天获得的性状可以遗传。德国的生物学家魏斯曼则持反对观点，他把刚出生的小鼠切掉尾巴，再让它们杂交产生后代，这样连续进行了22代，结果每代出生的小鼠均长出与其祖先一样的尾巴，所以他认为后天获得的性状是不遗传的。魏斯曼认为生殖细胞中的染色体是种质，是生物上下世代之间联系的纽带，身体的其他部分是体质。种质可以影响体质，而体质不能影响种质。后代与亲代的相似性是由于得到了来自亲代的染色体，由染色体的变化引起的性状改变才能遗传。

魏斯曼并没有发现遗传的基本规律，真正揭示遗传规律的是孟德尔，他在1866年发表了《植物杂交试验》的论文，认为生物的性状是由遗传因子控制的，并提出了遗传因子的分离和自由组合定律，后人称之为孟德尔定律。但是，他的论文在当时并未引起重视，直到1900年三位植物学家在对月见草、玉米、豌豆等植物的研究中，分别得到了与孟德尔一样的结果，孟德尔的发现才获得广泛重视。1909年丹麦的遗传学家约翰逊提出基因一词替代了孟德尔的遗传因子。

1902年美国科学家研究发现减数分裂时染色体的行为与基因具有明显的平行关系，并推测基因位于染色体上。1910年摩尔根及其学生对果蝇进行了大量研究，进一步证实了孟德尔定律，确定基因在染色体上，提出了基因的连锁互换规律，创立了以染色体遗传为核心的细胞遗传学。

1944年美国的埃弗里通过肺炎双球菌的转化实验证明DNA是遗传物质。1953年沃森、克里克提出DNA双螺旋结构模型，阐明了DNA的结构、复制以及如何保持世代连续的问题，使遗传学研究跨入了分子遗传学这一崭新的领域。

那么这小小的染色体是如何负载这样多的基因，传递大量的遗传信息的呢？让我们先来认识一下这个神通广大的小家伙，一同看看它们是怎样发挥功能的吧。

6.1.1 神奇的染色体

遗传信息不会凭空传递给子代，它需要一个承载工具，而这个工具就是染色体。染色体在不同的细胞周期中有不同形态，有时候也称染色质。那么小小的染色体是如何负载并传递着大量遗传信息的呢？

染色体的形态在细胞有丝分裂中期最清楚，主要由着丝粒、长短两条臂及端粒等部分组成。

着丝粒是连接两条姊妹染色单体的结构，也是细胞分裂过程中纺锤丝的结合区域。着丝粒将染色体分为两条臂，有的染色体两条臂长度相同，有的长度不同，较长的那条臂称为长臂，较短的那条称为短臂。长臂与短臂长度的比值称为臂比。根据臂比的不同，可将染色体分为5种类型。

表6-1 染色体的形态类型

臂比	染色体分类	缩写符号
1.0	正中着丝粒染色体	M
1~1.7	中部着丝粒染色体	m
1.7~3.0	亚中着丝粒染色体	sm
3.0~7.0	亚端着丝粒染色体	st
7.0~∞	端部着丝粒染色体	t

端粒是染色体末端的特化部分，可以防止染色体末端被核糖核酸酶酶切以及与其他染色体的末端连接，并使染色体在复制过程中保持完整。现在的科学家在研究老年痴呆症的发病机制时发现，这些患者的染色体端粒部位发生了突变。

组成染色体的基本结构单位是核小体，其主要成分有DNA和蛋白质，另外还有少量的RNA。其中的蛋白质可分为组蛋白和非组蛋白两类。

核小体的核心是由4对组蛋白（H2A、H2B、H3和H4）各两个分子构成的扁球形8聚体，DNA分子像是一条长长的纤丝，依次缠绕在每个组蛋白8聚体的表面，核心蛋白与其表面缠绕的DNA共同构成了核小体。核小体与核小体之间仍由DNA相连，称为连接线。连接线上结合着一个分子的组蛋白H1。

说到组蛋白，这可是个很保守的家伙，在进化的过程中十分固执，很少改变，赖氨酸和精氨酸的含量较高，呈碱性，种类和含量都很恒定，有H1、H2A、H2B、H3和H4 5种类型。构成染色体的蛋白质里面还有一种非组蛋白，呈酸性，其种类和含量不十分恒定。

核小体整个结构就像一个个珠子用绳子串起来一样，DNA为绳，组蛋白为珠，所以称之为串珠模型。这些串珠经螺旋化形成中空的线状体，称为螺线体；再进一步螺旋化形成超螺线体；超螺线体进一步折叠缠绕形成染色体。而串珠的长度大约是染色体的 8 000 倍！说到这儿你应该有点明白为什么染色体能承载如此大量的遗传信息了吧。

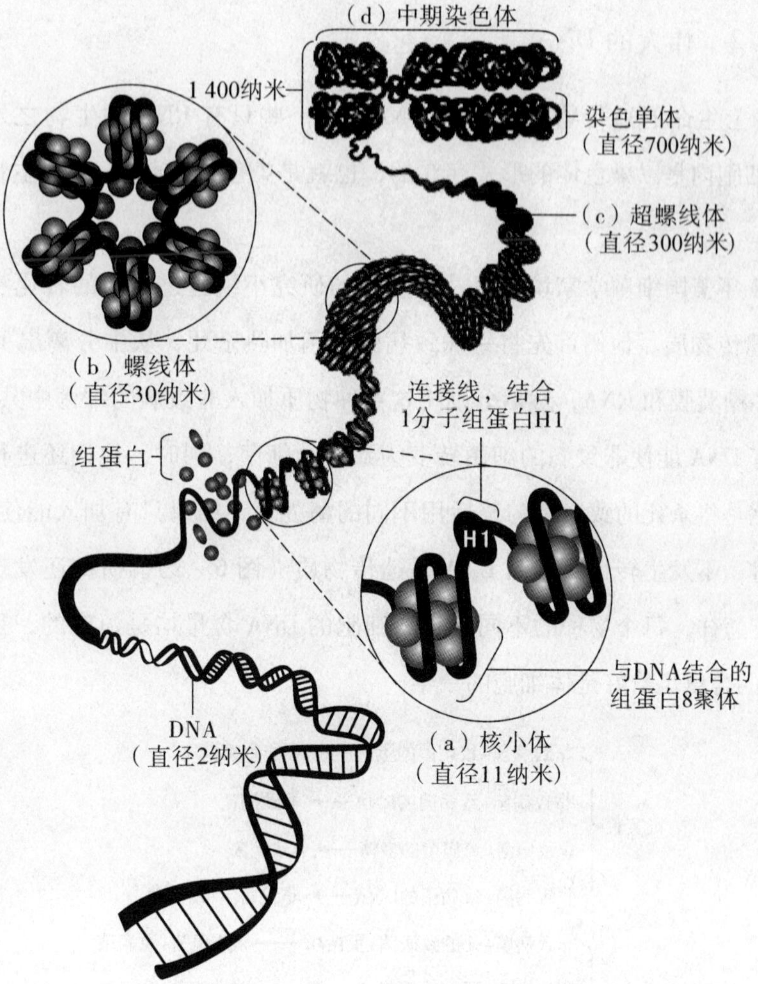

图 6－1 染色体的结构

每种生物的染色体数目都是恒定的，并且世代相传保持不变。体细胞中的染色体数是二倍体，通常用 $2n$ 表示，配子中的染色体由于减数分裂数目减少一半，用 n 表示。如人的染色体为 $2n=46$，果蝇的染色体是 $2n=8$。你要知道，染色体的数目和进化程度可没什么关系哟。

染色体有常染色体和性染色体之分。人类的性染色体有两种：X 染色体和 Y 染色体。小小的 X 和 Y 染色体决定了人的性别！X 染色体要比 Y 染色体大。女性的性染色体对为 XX，男性的为 XY。

既然染色体是遗传物质的载体，那么染色体的哪一种成分是遗传物质呢？

6.1.2 伟大的 DNA

地球上生命的遗传物质主要是 DNA，除一些只有 RNA 的生物之外。这些 DNA 在细胞内是以染色体的形式存在的，也就是染色体装载的 DNA 主管着遗传信息。

1944 年美国细菌学家埃弗里及其领导的研究小组通过细菌的转化实验证明 DNA 是遗传物质。他们首先将一株致病的细菌加热杀死，从中分离出 DNA、蛋白质、多糖荚膜和 RNA，然后分别将这 4 种物质加入非致病的细菌中共同培养，结果只有 DNA 能使非致病的细菌转变为致病的细菌；同时，他们还进行了反向实验，就是将杀死的致病菌匀浆后用不同的酶处理，结果只有加入能使 DNA 降解的酶时，不发生转化，证明 DNA 是遗传物质（图 6－2）。研究还发现无论大小和功能怎样，每个物种的不同组织的细胞的 DNA 含量均是恒定的，且其配子中 DNA 的含量也恰好是体细胞的一半。

正实验：
- 非致病菌+致病菌的蛋白质 ⟶ 非致病菌
- 非致病菌+致病菌的RNA ⟶ 非致病菌
- 非致病菌+致病菌的多糖 ⟶ 非致病菌
- 非致病菌+致病菌的DNA ⟶ 非致病菌+致病菌

负实验：
- 非致病菌+死的致病菌+蛋白酶 ⟶ 非致病菌+致病菌
- 非致病菌+死的致病菌+RNA酶 ⟶ 非致病菌+致病菌
- 非致病菌+死的致病菌+DNA酶 ⟶ 非致病菌

图 6－2　细菌的体外转化实验

然而 DNA 却不是唯一的遗传物质，烟草花叶病毒的染色体主要是由 RNA 和蛋白质构成的，1956 年格勒和施拉姆把烟草花叶病毒放在水和苯酚中振荡，使 RNA 和蛋白质分离，分别去感染烟草。结果只有 RNA 能感染烟草产生花斑，证明 RNA 是遗传物质。但是也只有在不含 DNA 只含有 RNA 的生物中，RNA 才是遗传物质。所以在生物界中 DNA 虽然不是唯一的遗传物质，却是主要的遗传物质。

（1）DNA 的化学组成

DNA 和 RNA 统称为核酸，因为最初从细胞核中分离出来而得名。核酸的组成单位是核苷酸，每个核苷酸包含一个磷酸基团、一个戊糖和一个含氮碱基。DNA 中的戊糖是 D－2－脱氧核糖，所以叫脱氧核糖核酸；RNA 中的戊糖是核糖，所以叫核糖核酸。DNA 中的含氮碱基有 4 种，它们是腺嘌呤（A）、鸟嘌呤（G）、胸腺嘧啶（T）和胞嘧啶（C）。RNA 中也有 4 种含氮碱基，其中 3 种与 DNA 一样，是腺嘌呤、鸟嘌呤和胞嘧啶，不同的那种碱基是尿嘧啶（U）。腺嘌呤和鸟嘌呤统称为嘌呤；胸腺嘧啶、胞嘧啶和尿嘧啶称为嘧啶。这样 DNA 含有 4 种不同的脱氧核苷酸，RNA 则含有 4 种不同的核苷酸。由于核苷酸排列顺序的差异使得不同的核酸分子携带有不同的遗传信息。

（2）DNA 的双螺旋结构

1953 年，沃森、克里克率先提出了 DNA 双螺旋结构模型（图 6－3）。这一模型的提出源于两项研究成果。一项成果是 1952 年查加夫总结出的 DNA 碱基组成规律，即腺嘌呤的含量总是等于胸腺嘧啶的含量（A＝T），鸟嘌呤的含量总是等于胞嘧啶的含量（G＝C），这样，嘌呤的总含量就始终等于嘧啶的总含量（A＋G＝T＋C），这一规律称为查加夫规则。查加夫规则暗示 A 与 T，C 与 G 相互配对的可能性。另一项研究成果是富兰克琳用 X 射线照射 DNA 分子结晶后得到的衍射图像。图像显示 DNA 是高度有序的双股结构，由许多重复的亚单位组成。

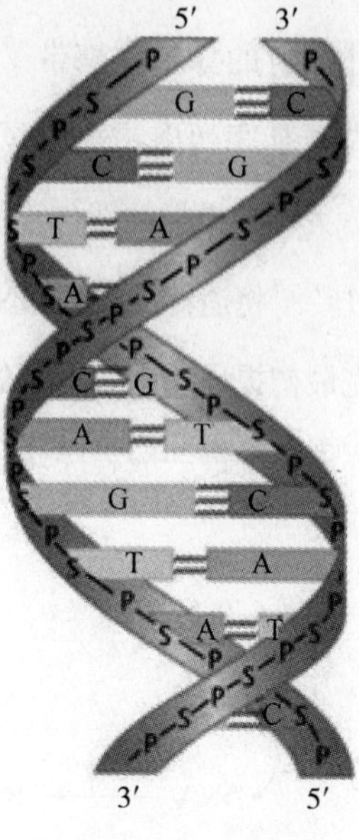

图 6－3　DNA 双螺旋

在此基础上，沃森和克里克搭建起一个 DNA 双螺旋模型，在这个双螺旋中，两个多核苷酸链彼此螺旋式盘绕着，形状像一个螺旋状楼梯。两条链相互平行，但方向相反，一条链的方向为 5′→3′，另一条链为 3′→5′，两条链之间通过配对碱基的氢键相连，碱基之间只有两种配对方式，总是 A 与 T 配对，C 与 G 配对，所以只要知道一条链的碱基顺序，另一条链的顺序也就知道了，不同的碱基序列蕴含了不同的遗传信息。这些结果发表在1953年4月出版的《自然》杂志上，论文名为《DNA的一种结构》。

直到这个时候人们才见到了DNA的庐山真面目，随后人们开始了对DNA的新的探索之路，轰轰烈烈的分子遗传学研究拉开了序幕。

6.1.3 奇妙的传递——中心法则

遗传信息的传递包括DNA序列的复制及所携带的遗传信息通过转录和翻译形成具有生物活性的蛋白质的过程，遵循中心法则。

中心法则是F. H. C. 克里克于1957年最初提出的。中心法则是遗传信息在细胞内生物大分子之间转移的基本法则，是指遗传信息从DNA传递给RNA，再从RNA传递给蛋白质，也就是完成遗传信息的转录和翻译的过程。遗传信息是指包含在核酸（DNA或RNA）分子中的具有功能意义的核苷酸顺序。这个碱基互补配对的分子既携带了信息密码，也暗含了它改变性状的机制，每一次的复制都为碱基序列出错提供了机会。

大多数生物的遗传物质是DNA。DNA通过自我复制使遗传信息从DNA到DNA，经过转录将遗传信息由DNA转移到RNA，再经翻译传递给蛋白质，这就是1957年克里克最初提出的中心法则的主要内容（图6-4），是基因在所有有细胞结构的生物中发挥作用的最一般程序。

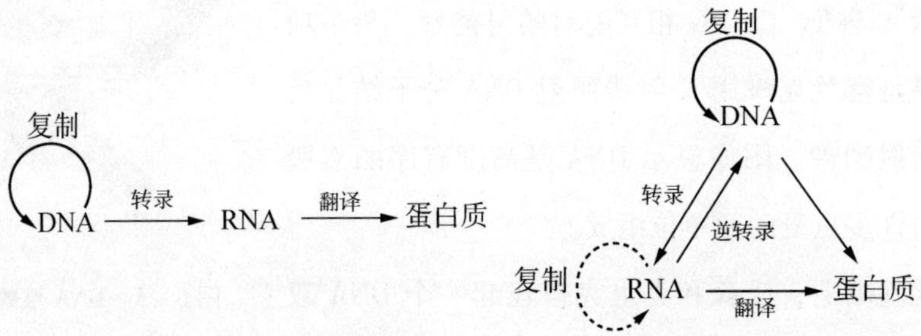

图6-4 中心法则（左：最初的中心法则；右：修改后的中心法则）

然而，1970年以来，人们发现有些病毒不含DNA，只含RNA，这些病毒称为RNA病毒，当它们侵入寄主细胞后能进行自我复制。即不仅DNA可以自我复制，

RNA 也具有自我复制的能力。还有些能够致癌的 RNA 病毒在宿主细胞中先以病毒的 RNA 为模板合成 DNA，这一过程称为逆转录，再以 DNA 为模板合成新的病毒 RNA。这样，就需要对中心法则稍作修改，修改后的中心法则如图 6-4（右）。

DNA 必须具有以自身为模板进行准确复制的能力，才能完成其作为遗传物质的使命。DNA 的复制是一个边解旋边复制的过程。DNA 在复制过程中碱基间的氢键首先断裂，两条单链从中间分开，就像拉开衣服上的拉链一样，每条链分别作模板合成新链，产生的每个子代 DNA 分子一条链来自亲代，另一条链是新合成的，所以称之为半保留复制。

DNA 复制是一个精确而复杂的过程，复制时严格按照碱基配对原则进行，模板链是 A 时，新链上与之对应的碱基必定是 T，若模板链是 G，新链必定是 C，整个过程还需要有大量的酶参与。

遗传信息从 DNA 到 RNA 的过程叫转录，即以双链 DNA 中的一条链为模板，以 4 种核苷三磷酸为原料，在 RNA 聚合酶催化下合成 RNA 的过程。生物按照从 DNA 转录得到的 mRNA 分子中碱基排列顺序合成氨基酸的过程称为翻译，又叫蛋白质生物合成。参与蛋白质合成的因素很多，主要有核糖体、mRNA、tRNA 和许多酶。

核糖体是蛋白质合成的加工厂。mRNA 相当于合成蛋白质的图纸。三联体密码组成 RNA 的 64 个密码与组成蛋白质的 20 种氨基酸之间的对应关系，经美国生物化学家尼伦伯格历时 5 年的研究，已于 1966 年全部阐明。其中包括 1 个起始密码（AUG）、3 个终止密码（UAA、UGA、UAG）及其他 60 个编码不同氨基酸的密码。tRNA 是在翻译过程中负责把合成蛋白质的原料——氨基酸运输到加工厂的小分子 RNA。

蛋白质生物合成可分为五个阶段：①氨基酸的活化；②多肽链合成的起始；③肽链的延长；④肽链的终止和释放；⑤蛋白质合成后的加工修饰。

基因转录及翻译的过程称为基因表达。至此，遗传信息被表达成蛋白质发挥生物效应。

由于 RNA 复制只在 RNA 病毒中存在，逆转录只在 RNA 致癌病毒及少数类型的细胞中存在，至于遗传信息从 DNA 到蛋白质的过程只是理论上的推测，在活细胞中尚未发现，均用虚线箭头表示。DNA 的复制、转录和翻译普遍存在于所有生物细胞中，用实线箭头表示。作为现代生物学中最重要最基本的规律之一，中心法则在探索生命现象的本质及普遍规律方面起了巨大的作用，是现代生物学的理论基石，极大地推动了现代生物学的发展，在生物科学发展过程中占有重要地位。

6.2 存同求异——遗传机制

6.2.1 孟德尔与豌豆

遗传学发展史上有一个非常重要的人物，他就是遗传学杰出的奠基人孟德尔。他对遗传学的形成和发展做出了十分重要的贡献。下面咱们就一起来了解一下吧！

当我们把红墨水和蓝墨水混合在一起，得到的混合液是一种分不清是红是蓝的液体，但大家想想，要是两种颜色的花杂交后，它们的后代是什么颜色的呢？我们能不能事先知道结果呢？那么，就让我们一起到孟德尔的修道院看看，听听他怎么说。

孟德尔是奥地利神父，在修道院里种豌豆把他推到了遗传学的前沿。他采用不同的豌豆品种，经连续 8 年的杂交试验，观察了 7 对相对性状的表现，以实验结果加上自己的合理假设检验发表了《植物杂交试验》，发现了遗传的两个基本定律——分离定律和自由组合定律。

(1) 分离现象

动植物千千万，为何孟德尔选豌豆作为试验对象呢？

因为豌豆具有与众不同的特点，它稳定且具有特别容易区分的性状，比如种子形状分圆滑和皱缩，子叶颜色分黄、绿等。而且豌豆花大，容易做人工试验，豌豆又是自花传粉、闭花授粉，所以，在自然状态下均是纯种。这为孟德尔的试验大大减少了干扰因素，使得试验进行得相对很顺利。

性状是生物在形态结构、生理特征以及行为等方面表现出来的特征的总称。生物体都具有许多具体的性状，如花的颜色、种子的形状、身体的高度等，这些被区分开的每一个具体性状称为单位性状。每一个单位性状的不同表现形式称为相对性状，所谓相对性状，是指同种生物的同一性状的不同表现类型，如花的颜色有红和白，种子的形状有圆形和皱形等。孟德尔观察的7对相对性状如图6－5所示。

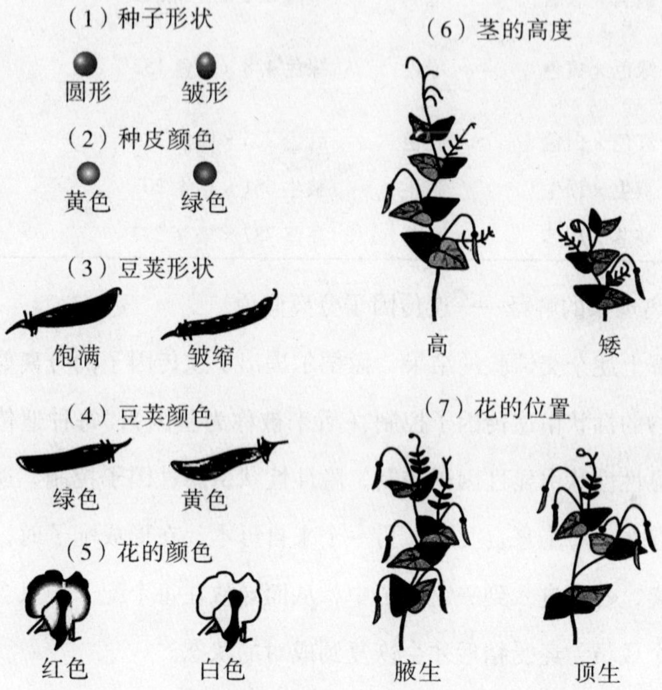

图6－5　孟德尔杂交试验观察的7对相对性状

孟德尔用具有相对性状的纯合体为亲本进行杂交，在杂种一代（简称 F_1）中，每对相对性状都只有一种性状表现出来，如用红花与白花品种杂交，F_1 全是红花，孟德尔把在一对相对性状中，F_1 能够表现出来的性状，如红花，叫作显性性状；F_1 未能表现出来的性状，如白花，叫作隐性性状。孟德尔让 F_1 红花豌豆自花授粉（自交）得到的种子（简称 F_2）于次年再播种下去，结果出现了两种类型：一种开红花（显性性状），一种开白花（隐性性状），即一对相对性状的两种不同表现形式——红花和白花性状在 F_2 都表现出来了，孟德尔称之为性状分离，并且显性性状与隐性性状的比例约为3∶1，孟德尔在其他6对相对性状的杂交试验中，也都得到了类似的结果，如表6－2。这种现象被孟德尔称为分离现象。

表6-2　孟德尔的豌豆杂交试验7对性状的结果

性状	亲本类型	F_1 的表现型	F_2 的表现型	F_2 的性状比例
种子形状	圆形×皱形	圆形	圆形5474×皱形1850	2.96:1
种皮颜色	黄色×绿色	黄色	黄色6022×绿色2001	3.01:1
豆荚形状	饱满×皱缩	饱满	饱满882×皱缩299	2.95:1
豆荚颜色（未成熟）	绿色×黄色	绿色	绿色428×黄色152	2.82:1
花的颜色	红色×白色	红色	红色705×白色224	3.15:1
花的位置	腋生×顶生	腋生	腋生651×顶生207	3.14:1
茎的高度	高茎×矮茎	高茎	高茎787×矮茎277	2.84:1

（2）分离现象的解释——遗传因子分离假说

为了解释上述杂交试验的结果，孟德尔提出了遗传因子的分离假说，其主要内容是：生物的性状由遗传因子控制（后来被称为基因），每种遗传因子控制着一种性状，显性性状由显性因子控制，隐性性状由隐性因子控制。遗传因子在体细胞内成对存在，一个来自父本，另一个来自母本。在形成配子时，成对的遗传因子彼此分离，各自进入到一个配子中，从而导致在每个配子中只含有成对遗传因子中的一个成员，经受精后才会恢复到成对的状态。

个体的性状表现由遗传因子的组成情况（基因型）决定，两个遗传因子一样的个体称为纯合体，不一样的个体称为杂合体。两个遗传因子均为显性因子（显性纯合）或一个为显性因子另一个为隐性因子（杂合）时，表现显性性状，只有两个遗传因子都是隐性因子（隐性纯合）时才表现隐性性状。在杂种 F_1 的体细胞中，两个遗传因子的组成不同，一个为显性因子，另一个为隐性因子，所以表现显性性状。

F_1 经减数分裂产生两种等量的不同类型的配子，各种不同类型的雌、雄配子的随机结合，使得 F_2 出现3:1的性状分离比。孟德尔的分离假说可用遗传因子图解来说明。大写字母C代表决定红花的显性遗传因子，小写字母c代表白花的隐性遗传因子（图6-6）。

F_1 的C、c两种雌、雄配子随机结合产生了三种组合CC、Cc和cc，它们之

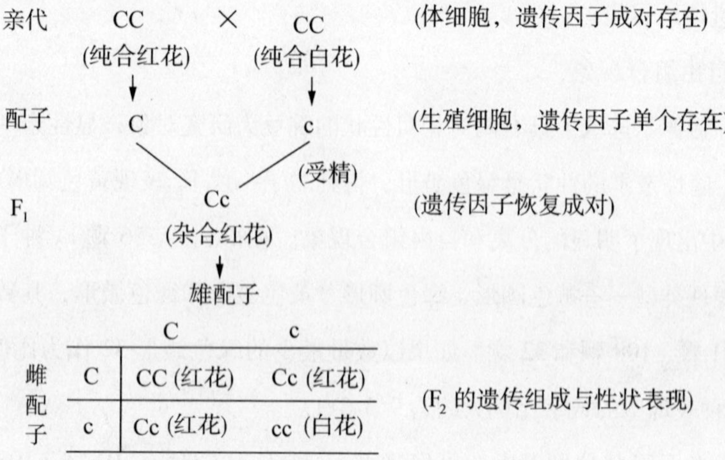

图 6－6 孟德尔分离假说的遗传因子图解

间的比例接近于1∶2∶1，而在性状表现上红花∶白花接近3∶1。因此，孟德尔的遗传因子假说，使得豌豆杂交试验所得到的结果有了科学、圆满的解释。

（3）遗传因子分离假说的验证——测交

孟德尔对分离现象的解释，毕竟只是建立在一种假说基础之上，要使假说上升为科学真理，还必须用试验的方法进行验证。

孟德尔设计的一种验证方法是测交。测交就是让 F_1 与隐性类型杂交，用来测定 F_1 的基因型。按照孟德尔对分离现象的解释，F_1（Cc）一定会产生带有遗传因子 C 和 c 的两种配子，并且两者的数目相等；而隐性类型（cc）只能产生一种带有隐性遗传因子 c 的配子，这种配子不会抑制 F_1 中遗传因子的作用。所以，测交产生的后代应当一半是红花（Cc），一半是白花（cc），即两种性状之比应为1∶1（图 6－7）。实际的测交结果是 166 株后代中，红花 85 株，白花 81 株，性状分离比接近 1∶1，试验结果符合预先设想。对其他几对相对性状的测交试验，也都得到了近似于 1∶1的分离比，从而雄辩地证明了遗传因子分离假说的正确性和科学性。

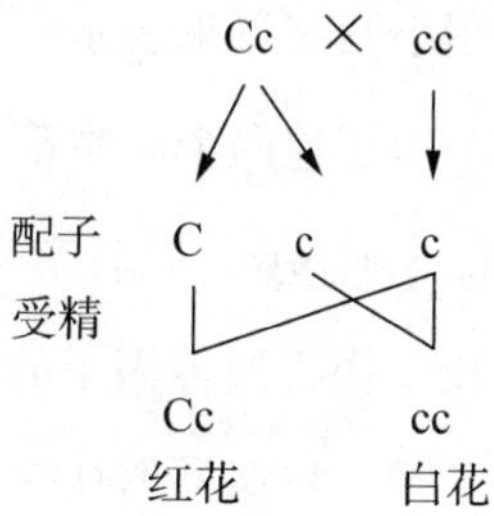

图 6－7 测交因子图解

于是孟德尔得出结论，分离规律的实质是杂合体中决定某一性状的成对遗传因子，在减数分裂过程中，彼此分离，从而产生数目相等的、两种类型的配子，且独立地遗传给后代。

(4) 自由组合现象

随后，孟德尔选取了具有两对相对性状的豌豆为研究对象，显性亲本的性状是黄色圆形，隐性亲本的性状是绿色皱形，得到的子一代 F_1 表现黄色圆形。让 F_1 自交，在 F_2 中出现了明显的分离和自由组合现象。在得到的556颗 F_2 种子中，有四种不同的表现类型——黄色圆形、绿色圆形、黄色皱形和绿色皱形，其数目分别为315颗、101颗、108颗和32颗。如果以数量最少的绿色皱形32作为比例数1，那么 F_2 的四种表现型的数字比例大约为9∶3∶3∶1。

若将颜色及形状分别考虑，可发现黄色∶绿色＝(315＋101)∶(108＋32)≈3∶1，圆形∶皱形＝(315＋108)∶(101＋32)≈3∶1，表明这两对性状的遗传，分别是由两对遗传因子控制，其传递方式仍然符合分离规律。

如果把这两对性状联系在一起考虑，F_2 表现型的分离比应该是它们各自 F_2 表现型分离比（3/4∶1/4）的乘积，表明控制黄、绿和圆、皱两对相对性状的两对遗传因子，既能彼此分离，又能自由组合。

(5) 自由组合现象的解释与验证

为解释这种现象，孟德尔提出了不同对的遗传因子在形成配子时自由组合的理论。因为最初选用的亲本都是纯合的，显性亲本黄色圆形的遗传组成为YYRR（Y代表黄色，R代表圆形），由于它们都是显性，故用大写字母表示。隐性亲本绿色皱形的遗传组成为yyrr（y代表绿色，r代表皱形），由于它们都是隐性，所以用小写字母来表示。

由于这两个亲本都是纯合体，它们都只能产生一种类型的配子，即YYRR→YR，yyrr→yr，二者杂交，YR配子与yr配子结合，所得后代 F_1 的遗传组成为YyRr。由于遗传因子的显、隐性关系，所以 F_1 全为黄色圆形。杂合的 F_1 在形成配子时，根据分离规律，Y与y分离，R与r分离，分离后的各对因子之间进行随机地自由组合，产生YR、Yr、yR和yr四种不同类型但数量相等的配子。F_1 自交时，这四种不同类型的雌、雄配子随机结合，在 F_2 中产生16种组合、9种遗传组成的合子。由于显、隐性遗传因子的存在，F_2 只有四种表现型，即黄色圆形、黄色皱形、绿色圆形、绿色皱形。它们之间的比例为9∶3∶3∶1（图6-8）。

这个假说圆满地解释了他观察到的试验结果。这就是孟德尔发现的第二个遗传定律——自由组合规律，又叫独立分配规律。

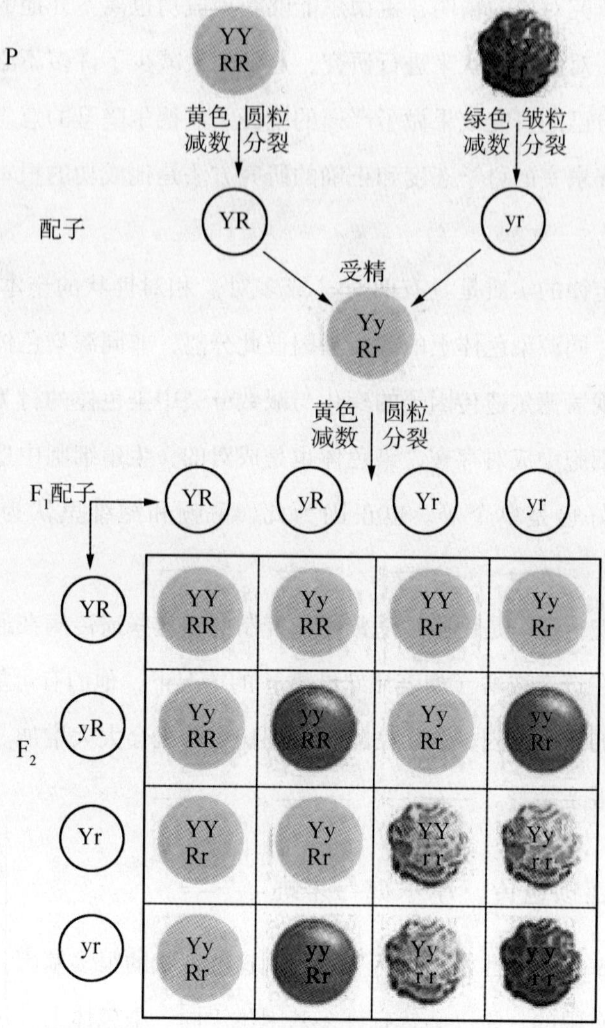

图 6－8　自由组合现象的因子图解

为了证实具有两对相对性状的 F_1 确实产生了四种数目相等的不同配子，孟德尔同样采用了测交法验证。他把 F_1 杂种与隐性亲本进行杂交，由于隐性亲本只能产生一种含有两个隐性遗传因子的配子 yr，所以测交所产生的后代，不仅能表现出杂种配子的类型，而且还能反映出各种类型配子的数量。也就是说 F_1 杂种与双隐性亲本测交后，如能产生四种不同类型的后代，而且数量相等，就证明了最初的假设是正确的。实际的测交结果与预期完全符合，说明杂种 F_1 在形成配子时，确实产生了四种数目相等的配子，从而验证了自由组合规律的正确性。

除了选择研究对象的精明，孟德尔能够获得成功也离不开他的科学的试验方法：先只针对一对相对性状来进行研究，这就大大减少了许多不必要的麻烦，而且孟德尔也对自己的研究成果做了严谨的验证。孟德尔坚忍的意志、持之以恒的探索精神、严谨求实的科学态度和正确的研究方法是他成功的根本，也是非常值得我们学习的。

自由组合定律的实质是具有两对（或多对）相对性状的亲本杂交产生的 F_1 在形成配子时，同源染色体上的等位基因彼此分离，非同源染色体上的基因自由组合。可以发现孟德尔遗传因子的变化与减数分裂中染色体的行为完全一致，如遗传因子在体细胞中成对存在，染色体也是成对的；生殖细胞中遗传因子只有单个，染色体正好也是单个等。也正因为此，萨顿和鲍维里认为基因位于染色体上。

由于有些遗传疾病是由隐性遗传因子控制的，这些遗传病在通常情况下很少会出现，但是在近亲结婚（如表兄妹结婚）的情况下，他们有可能从共同的祖先那里继承相同的致病基因，从而使后代出现病症的机会大大增加。因此我们国家法律严令禁止近亲结婚。

6.2.2 连锁遗传：摩尔根与果蝇

每种生物都有很多性状，自然要有控制这些性状的很多基因，而各种生物的染色体数目是有限的，所以必然有许多基因位于同一染色体上，那么位于同一染色体上的这些基因是如何向后代传递的呢？T. H. 摩尔根通过对果蝇的研究发现了遗传的第三个定律——连锁互换定律。

果蝇在分类上属于昆虫纲，双翅目，果蝇科。果蝇繁殖迅速，容易饲养，和豌豆一样具有很多易于区分的相对性状，如红眼与白眼、长翅与残翅、灰身与黑身等，是遗传研究中非常理想的试验材料。

果蝇有 4 对染色体即 $2n=8$，其中有 3 对在雌雄个体是一样的，称为常染色体，另外 1 对在雌雄之间有差别，这对与性别有关的染色体，称为性染色体。雌性个体具有两条大小、形态相同的 X 染色体，雄性个体具有两条不同的性染色体 XY，位于性染色体上的基因，其遗传方式必定与性别有关。

果蝇的眼睛通常为红色，在一次试验中，摩尔根在许多红眼果蝇中意外地发现了一只白眼的雄果蝇，并对它进行了进一步的研究。他用这只白眼雄果蝇与红眼雌果蝇进行杂交，子一代全是红眼果蝇，说明红眼是显性，白眼是隐性。子一代的雌雄果蝇相互杂交（自交），子二代得到 3 470 只果蝇，其中红眼果蝇 2 688 只，白眼果蝇 782 只，两者比例约为 3. 4∶1，接近 3∶1的孟德尔分离比。但仔细观察后发现，在子二代出现的白眼果蝇全是雄性个性。

据此他假设控制眼色的基因位于 X 染色体上，而 Y 染色体上没有相应的等位基因，红眼基因、白眼基因分别用 X^+ 和 X^w 表示，以示它们位于 X 染色体上。最初发现的那只白眼雄果蝇基因型为 X^wY，由于 Y 染色体上没有红眼基因，白眼基因得以表现。白眼雄果蝇与红眼雌果蝇 X^+X^+ 杂交，子一代的基因型是 X^+X^w 和 X^+Y，无论雌雄都为红眼。子一代个体自交，子二代红眼∶白眼 =3∶1，其中雌果蝇全为红眼，但一半是纯合体，另一半为杂合体，雄果蝇红眼、白眼各占一半（图 6 -9）。这一假设圆满解释了试验的结果。

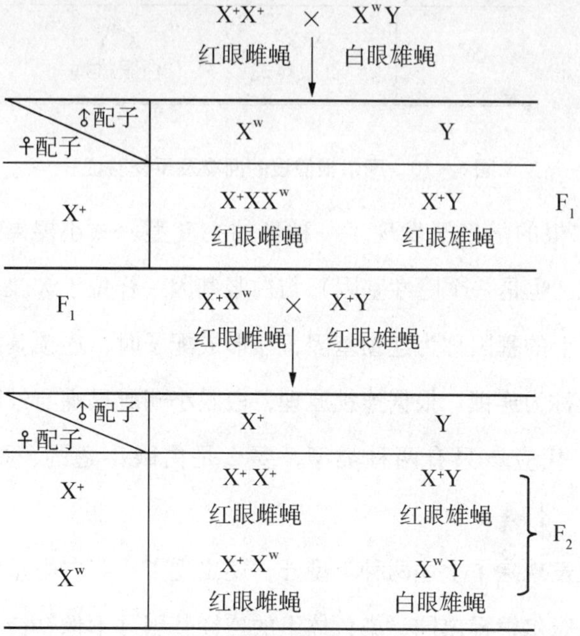

图 6 -9　摩尔根假设的解释

为了证实上述假设，他又用 F_1 的红眼雌蝇与白眼雄蝇进行了回交以及用白眼雌蝇与红眼雄蝇进行反交。按照推论，F_1 的红眼雌蝇与白眼雄蝇回交的后代应出现等量的红眼雌蝇、红眼雄蝇、白眼雌蝇与白眼雄蝇；白眼雌蝇与红眼雄蝇的杂交后代应该雌蝇全是白眼，雄蝇全是红眼，试验结果与预期完全一致（图 6－10）。这样，摩尔根第一次把一个具体的基因（白眼基因）定位于一个特定的染色体（X 染色体）上。

回交　　$X^+X^w \times X^wY$

↓

♂配子 / ♀配子	X^w	Y
X^+	X^+X^w 红眼雌蝇	X^+Y 红眼雄蝇
X^w	X^wX^w 白眼雌蝇	X^wY 白眼雄蝇

反交　　$X^wX^w \times X^+Y$

↓

♂配子 / ♀配子	X^+	Y
X^w	X^+X^w 红眼雌蝇	X^wY 白眼雄蝇

图 6－10　摩尔根假设的回交及反交验证

之后，摩尔根的学生又发现了一种新的突变型——小翅果蝇，控制小翅的基因（用 s 表示，也是一个隐性基因）与白眼基因一样位于 X 染色体上。这些位于同一条染色体上的基因称为连锁基因，在形成配子时，连锁基因作为一个单位进行传递的现象称为连锁。根据连锁原理，白眼小翅雌果蝇与红眼正常翅雄果蝇杂交产生的子二代应该只有两种类型，要么是白眼小翅的，要么是红眼正常翅的。

但是摩尔根发现除了上述两种类型外，还出现了一些白眼正常翅和红眼小翅的类型。因此，摩尔根提出同一染色体上的连锁基因并不像铁链一样牢靠，有时染色体也会发生断裂，甚至与另一条染色体交换部分基因，这就是互换。两个基因在染色体上的位置距离越远，互换的可能性越大。白眼基因与小翅基因虽然同在一条染色体上，但是相距较远，容易发生互换，所以杂交后代中除了两种亲本类型，还有两种新的类型出现。

通过研究，摩尔根和他的学生把400多种突变基因定位在染色体上，绘制了基因的连锁图，于1926年出版了《基因论》，认为生物的性状由基因控制，基因在染色体上呈直线排列，基因的传递遵循分离定律、自由组合定律或连锁互换定律，生物的性别由染色体控制，同时对基因的概念进行了具体而明确的描述。为此摩尔根荣获了1933年的诺贝尔生理学及医学奖。

连锁遗传的研究证实了基因在染色体上是按一定顺序和距离排列的，通过基因的交换，丰富了亲本遗传物质重组的内容，为生物进化过程中的选择创造了条件。在杂交育种工作中，如果所涉及的基因具有连锁遗传的关系，那么可以根据其交换值的大小来预测重组基因型出现的频率。为使杂种后代中能出现较多的理想类型，必须根据重组率的大小，确定杂种群体的种植规模。当然，还可利用性状连锁的关系，根据一个性状的表现，对另一些性状进行选择或淘汰。我们人类从中获得了不少益处，如矮茎麦子等都是这些知识实践后的产物。

6.2.3 遗传突变

人的头上长出头发是再正常不过了，可是当你看到一个小女孩脸上也布满毛茸茸的头发时，会有何感想？诧异还是恐怖？此刻的你对这样的现象肯定充满了好奇吧？她的亲人也有着同样的面貌吗？为什么会出现这样的现象？这一系列的疑问都指向遗传突变。

生物在繁殖自身的同时总是伴随着变异的发生。总的来说，变异有两种类型，一是繁殖过程中发生的原有基因的重新组合，如位于非同源染色体上的基因的自由组合及同源染色体上连锁基因的互换；另一种类型是通过突变使遗传信息发生改变。突变可分为基因突变和染色体畸变。

基因突变就是基因内部碱基序列的变化，包括碱基的缺失、插入和替换。插入和缺失改变了插入、缺失位点以后基因编码氨基酸的方式，使蛋白质的氨基酸顺序发生改变。碱基替换就是一个碱基被其他碱基取代。组成 DNA 的碱基有 4 种，两种嘌呤，两种嘧啶，如果是一种嘌呤被另一种嘌呤取代，一种嘧啶被另一种嘧啶取代称为转换；如果是嘌呤被嘧啶取代或嘧啶被嘌呤取代称为颠换。碱基替换仅仅改变蛋白质中的一个氨基酸组成。

一般情况下，基因的突变率都很低，这对于维持生物性状的稳定非常重要，但对于想通过突变来选育生物新品种的科技工作者来说是远远不够的，所以，他们常用一些射线或化学试剂处理样品，以提高样品的基因突变频率。

1955 年美国分子生物学家本泽研究了一种细菌病毒——T4 噬菌体的基因的精细结构，发现一个基因有许多位点可发生突变，并且不同的突变位点之间可以发生交换，证明基因是一个功能单位，其中包含许多突变单位和交换单位。

染色体畸变是指染色体结构和数目的改变。染色体结构变化包括四种类型：染色体丢失一个片段的缺失，增加一个片段的重复，染色体中间的一个片段发生 180°倒转的倒位以及非同源染色体之间互换片段的易位。

染色体数目的变化主要是减数分裂过程中同源染色体不分离造成的。不分离的结果是一个子细胞得到一对同源染色体中的两条，另一个子细胞则缺少这条染色体。像这种个别染色体数目发生增减的个体称为非整倍体。人类中常见的一种遗传病唐氏综合征就是多了一条第 21 号染色体造成的。

如果减数分裂过程中纺锤体受到破坏，则所有的同源染色体都不分开，使细胞中的染色体数目成倍增加，形成多倍体。偶数倍的多倍体减数分裂正常，可以形成正常配子；奇数倍的多倍体由于减数分裂过程中联会紊乱，通常不能形成正常配子，表现不育。无籽西瓜就是三倍体，因为不能形成正常配子而不能结籽。多倍体形成是植物进化的重要途径。用诱变剂处理雄性害虫使之发生致死的或条件致死的突变，然后释放这些雄性害虫，便能使它们和野生的雄性昆虫相竞争而产生致死的或不育的子代。

在《美国国家科学院院刊》上布莱克本和同事们发表了一项他们的研究成果。在这项研究中，科学家在端粒酶的遗传基因中插入了一个由 RNA 构成的小突变。突变的 RNA 阻断了端粒酶重建细胞复制过程中丢失的染色体部分的正常活性。这种突变在导入突变酶的活体小鼠中使得乳腺癌瘤体缩小。低水平的突变 RNA 大大降低了乳腺癌和前列腺癌细胞的生长速度，并且使更多的癌细胞死亡。

生命世界如此神奇，在这样一个充满着无穷奥秘的大自然中繁衍生息。我们探索到的只是其中一小角，了解掌握前辈们的知识结晶，站在巨人的肩膀上会看得更远！

7 千姿百态的生命

自然界变幻莫测，瞬息无常。30 多亿年前地球上出现的最早的单细胞生命，随着环境的变化演化出了各种类型的生命体，一直到我们人类出现。

在这个世界里，我们总会为一些生命的发现而惊呼，为一些生命的奇迹而震撼，为生命存在形式的多种多样而感叹。我们无法想象如果地球上没有了其他生物而只有人类，地球会怎样，人类会怎样，但我们知道人类因其他生物的存在而存在，世界因生物的多样而精彩。

7.1 方以类聚，物以群分

生活在地球上的生物真是一个庞大的家族，成员众多，关系错综复杂。有的特点明显，容易辨识；有的犹如雾中看花，让人捉摸不透。有些成员甚至不知自己应归向何处，认错“家人”的事情时有发生。

珊瑚之谜

在热带、亚热带阳光充足、水质清澈的浅海区域，盛开着色彩缤纷、姿态万千的花朵，我国南海一带的渔民称它为“海石花”，意思就是海底礁石开出的花。我国古籍曾对它有这样的描述：“生海底，作枝柯状”，“贯中而生，岁高三二尺，有枝无叶”。看来它应该是一种植物。可 1774 年有一位在北非海岸考察的法国学者提出了质疑：构成海底花园的造型美丽、色彩缤纷的花朵，样子虽然像植物，但实际上是食肉动物——珊瑚虫的骨骼，本是属于动物的一部分。可是在当时，他的发现很难打破人们的传统观念。这种误解一直持续到 18 世纪 40 年代，之后科学家在研究珊瑚的发育过程中发现了它的动物特征，从此称它“虫植体”，即动物兼植物。又过了整整一个世纪，生物学家通过研究它的胚胎发育才发现，它的石灰质骨骼是由它的软体部分分泌的，是动物性的，和海葵、海蜇、水螅一样，它属于具有两胚层的腔肠动物。生物学家的这一研究成果公布以后，珊瑚才找回了自己的动物身份。

“虫草”疑案

“冬天是虫，夏天是草，冬虫夏草是个宝。”冬虫夏草究竟是虫还是草？

中医常称道的冬虫夏草、餐桌上经常见到的蘑菇，也都被习惯性地归入植物家族，但其实冬虫夏草不是一个物种，是一种真菌侵入一种蛾类的幼虫体内，使幼虫死亡，真菌依靠它的尸体生长而成的，与蘑菇一样，都是微生物真菌类的菌丝体。

相反，有些看起来像动物的偏偏又是植物，例如衣藻，它在水中到处游走，吞吃小虫，但是又可以进行光合作用，自给自足；毛毡苔虽然属于植物，但它不仅能捕捉小虫，还能吃掉小虫。这可不是危言耸听，毛毡苔的叶片上长着与露珠一样晶莹剔透、能分泌黏液的腺毛，若抵挡不住诱惑的昆虫来采食时，就被黏液牢牢地粘住，并被迅速弯曲的长腺毛紧紧地包住，无法逃脱的昆虫被这些腺毛消化吸收，等消化吸收完全后，叶片和腺毛又重新展开，等待新的猎物。这类植物本身有叶绿素，可以进行光合作用，但根系极不发达，因此靠捕食昆虫来弥补其氮素养分和能量的不足。如此高超的捕食本领，也难怪人们错把它当成动物。

大自然这个豪门家族成员无数，为了将每个成员都分清楚，避免混乱，人们想了许多办法给生物命名并进行分类（图7-1）。

7.1.1 命名之旅

地球上现存的物种以百万计，千姿百态，各不相同，如果不予分类，不立系统，便无从认识，难以利用。人们很早就认识到“方以类聚，物以群分”的道理，所以一直在探索一些合适的生物命名法。

从2 000多年前涉及生物分类的词典《尔雅》开始，人们对生物界命名的探索工作就已经开始了。在这部书中，用草、木、虫、鱼、鸟、兽六个门类来概括整个动植物界。其中，植物分为草本和木本两类，和现在所认识的分类学基本一

图 7－1　珊瑚花、冬虫夏草、蘑菇、衣藻、毛毡苔

致。而关于虫、鱼、鸟、兽的分法，也成为古代中国最经典的动物学分类："虫"其实指的是大部分无脊椎动物；"鱼"包括鱼类、两栖类、爬行类等低级脊椎动物，鲸和虾、蟹、贝类等；"鸟"是指鸟类；"兽"指哺乳动物。但这种仅以外形分类的方法易发生错误，如将鲸归为鱼类，蝙蝠及鼯鼠归于鸟类。而实际上，鲸是生活在水中的哺乳动物，而蝙蝠及鼯鼠属于会飞的哺乳动物。

18 世纪，现代生物学分类命名的奠基人——瑞典的林奈，幼时受到牧师父亲的影响，十分喜爱植物，8 岁时便得"小植物学家"的别名。后来他把大部分的时间和精力都用到野外采集植物标本及阅读植物学著作上。林奈为分类学解决了一个关键问题，就是发明了流传至今的双命名法，每一物种都给予一个学名，由两个拉丁名词所组成，第一个代表属名，第二个代表种名，就是这种生物的正式学名。例如，稻的学名是 Oryza Sativa，前面的那个拉丁名词是其属名，后面的是其种名。

严格来说，流传至今的双命名法并不是林奈第一个发明的。亚里士多德建立的动植物命名法已经具有双名制的萌芽，只是林奈将其进行了完善和推广。在双命名法之后，林奈还建立了一个分层次的分类体系：最顶层是界，之下是纲、目、属，最后是种。林奈的生物分类方法和分类原则，对生物学的发展起到了重大的作用，也奠定了科学生物分类学的基础。

200 多年来，随着科学的发展，人们逐渐发现，这个两界系统存在着不少问题。像眼虫综合了动植物两界的双重特征，既含有叶绿体，可以进行光合作用，又能行动摄取食物。植物学家和动物学家都想“据为己有”，植物学家把它列为藻类，称为裸藻；动物学家把它列为原生动物，称为眼虫。中间类型是进化的证据，却成为分类的难题。

1778 年林奈去世之后，分类学家把更多的注意力集中到了物种祖先的研究上。1857 年卡尔·冯·耐格里提出真菌和细菌应该归入植物大家庭中，但是欧内斯特·海克尔 1866 年提出了不同的观点，他认为细菌、原生生物、真菌应该属于一个新的家族——原生生物界，因为它们看来与动物和植物的关系都不大。于是在 19 世纪 60 年代，人们建议成立一个由低等生物组成的第三界，取名为原生生物界，包括细菌、藻类、真菌和原生动物。这个三界系统解决了动植物界限难分的问题，但当时并未被接受，直到 20 世纪 50 年代，才开始为不少教科书所采用（图 7 – 2）。

林　奈

海克尔

图 7 – 2　林奈与海克尔

后来，人们将生物重新分类为三大类群：自给自足的自养型生物，它们在自然界中扮演着生产者的角色；人和动物不能像绿色植物那样进行光合作用，也不能像硝化细菌那样进行化能合成作用，他们属于异养型生物，也称为消费者；细菌、真菌、土壤原生动物和一些小型无脊椎动物属于第三类——异养型微生物，它们靠分解动植物残体为生，称为分解者。

时间的长河在慢慢流淌，我们欣喜地发现所有的新发现都在不断地证明与反证的过程中向前发展着，科学家们也一直没有放弃探索给自然界生物命名归类的方法。

7.1.2 生命之树

海克尔在读了达尔文的《物种起源》后就对进化论深信不疑，也深受启发。在他的《普通形态学》一书中，根据各类生物间亲缘关系的远近，他把各类生物安置在树状图表的不同分支上，从中我们可以大概看出生物的亲缘关系及进化过程。这个树形图表就是系统树，也叫作进化树（图 7－3）。

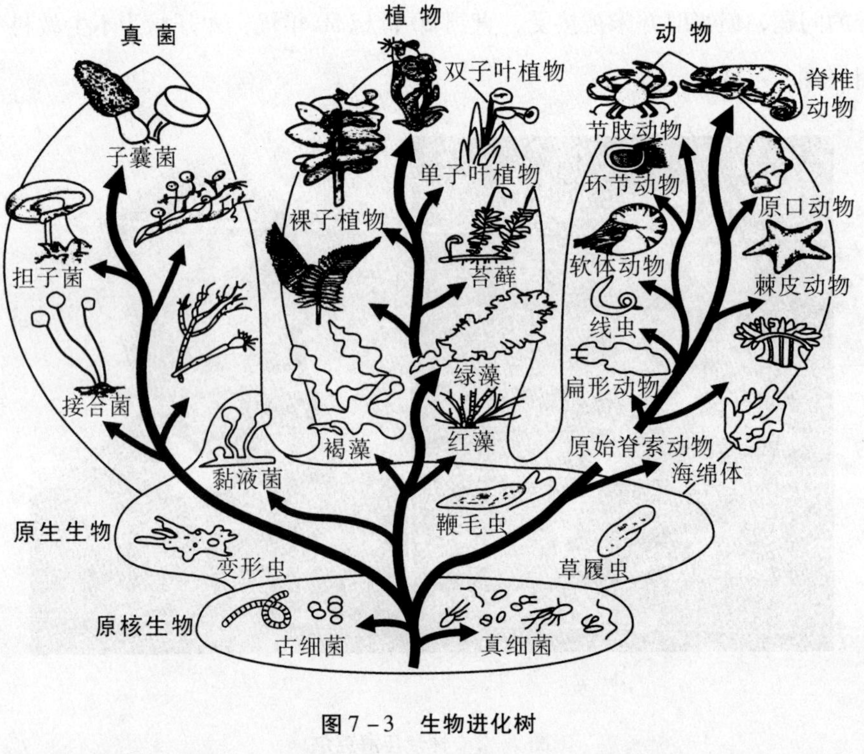

图 7－3 生物进化树

现在对生物分类有了比较统一的规定，即用 7 个等级将生物逐级分类，这 7 个等级由高到低为界、门、纲、目、科、属、种。一个“界”含有多个“门”，一个“门”含有多个“纲”，依此类推，分类的最小单位是“种”。每种生物在分类系统中都有自己固定的位置，生来就被分出高低等，即便低级生物再努力，也无法跻身到“上流社会”。

随着科技的进步，人们的好奇心也不断地被激发。像在深海底及宇宙等一些我们曾经无法触及的地方，发现了越来越多的生物，分类层次也随之不断增加，每个等级上下都又附加一些次生单元，如总纲（超纲）、亚纲、次纲、总目（超目）、亚目、总科（超科）、亚科等。在越大的分类单位中，生物彼此的共同特征越少，亲缘关系越是疏远；在越小的分类单位中，共同语言越多，关系越亲密。

生物学家将200多万种生物分在5个界中：原生生物界、原核生物界、真菌界、植物界和动物界。从处于同一个界中的生物，如酵母菌、木耳、蘑菇、灵芝草的真菌界生物或人和猩猩、虎、熊猫等的动物界，可以看出，每个界之间成员的共同点相对较多，关系也较亲近。可是，每一个界中，生物种数仍然很多，像植物界中有植物大概50万种，动物界有动物100多万种，要认识所有生物仍然是个很艰巨的任务。

于是，生物学家在每一个界中分成不同的门。如：真菌界里有黏菌门、真菌门、鞭毛菌亚门、接合菌亚门、子囊菌亚门等；植物界有苔藓植物门、蕨类植物门、种子植物门等；动物界分成腔肠动物门、软体动物门、节肢动物门、脊索动物门等。动物界中，种类最多的是节肢动物门，种类最少的是帚形动物门，总共才有10种左右。毫无疑问，属于同一个门中的生物亲缘关系要比处在同界但不同门的要近很多。

在每个门里还可以再分成几个纲。如：脊索动物门里有哺乳纲、鸟纲、爬行纲、两栖纲和鱼纲等。很显然，我们可以看到，处在同纲的生物，共同点又多了，关系也近了不少。例如仙鹤跟乌鸦同属鸟纲，蛇属于爬行纲，这关系明摆着呢，谁亲谁疏一看就知道了。

紧接着每个纲又可再分出目。哺乳纲可分成灵长目、食肉目、啮齿目等。每个目中可再分科，每个科再分成几个属，每个属最后分成几个种。每一个种中生物只有一种，如人种，只有人这一种，不存在其他生物。当然，种下面还可以分亚种，如人种中的棕、黑、白、黄四种肤色的人，就是相当于四个亚种。只要是同一个种的生物，相互间就可交配产生有繁殖力的后代。比如，斑点狗和西施狗，华南虎和东北虎实际上都属同种不同亚种，它们仍可以产生有繁殖力的后代。

到了这时，人们基本搞清了生物界的分类情况。但有关种分类的争论还远远没有结束，科学家仍为之不懈努力。

7.2 物 种

7.2.1 物种的定义

关于种的定义已经困扰了生物学家两个多世纪的时间，而且至今也未能搞清。大多数有经验的分类学家对植物物种经常有一种直觉，能够很容易和很有信心地识别很多物种，并叫出它们的名字。种的拉丁文命名及濒危动物保护法等让我们觉得自己理所当然知道种是什么，实际上这恰恰是几十年来争论不休的问题。

17 世纪至今，约翰·雷、林奈、达尔文、迈尔及我国的陈世骧等（图 7－4）都对物种下过定义，生物学界目前至少有 26 个公开发表过的种的概念。

达尔文　　迈尔　　陈世骧

图 7－4　达尔文、迈尔、陈世骧

驴和马可以交配生出骡子，这个我们都知道。但是驴和马都属于马科，那驴和马是否属于同一物种呢？答案是否定的。

要成为同一物种也是需要一定条件的：①具有相对稳定、一致的形态学特征，以便与其他物种相区别；②以种群的形式生活在一定的空间内，占据着一定的地理分布区，并在该区域内生存和繁衍后代；③每个物种具有特定的遗传基因库，同种的不同个体之间可以互相配对和繁殖后代，不同种的个体之间存在着生殖隔离，不能配育或即使杂交也不能产生有繁殖能力的后代。

由此看来，虽然驴和马可以生骡子，但是骡子没有生育能力，所以驴和马不属于同一物种。

这可不仅仅是纯粹的学术问题，对于濒危的物种的确定或者栖息地是否保留都有重大的影响。红狼曾被当作一个独立的物种，美国政府花了很大力气挽救这个物种免于灭绝，但有科学家认为红狼实际只是东加拿大狼的一个孤立的南部种群，多达数千只。

7.2.2　物种的形成

达尔文认为，使新物种从旧物种中产生的主要因素是自然选择。那么，自然选择是怎样促使物种形成的呢？达尔文指出，自然选择能引起性状分歧，并且能使改进较少的及中间类型生物大量灭绝。但是，达尔文认为，在物种形成的过程中，除了性状分歧之外，还必须结合中间类型的灭绝，才能使新物种逐渐形成。

达尔文在加拉帕戈斯群岛上探险时，与他的助理猎集了不少鸟，并做成标本，带回伦敦后即请鸟类专家古尔德进行分类。当古氏分出很多不同种时，达尔文十分意外，因为达尔文对物种的看法，不同于当时专家的看法。他并没有注重形态上的细微差别，他认为种，简单地说，就是指一群互相相似的个体。但种与种之间怎么划分呢？他说当两个不同族群累积足够多的差异之后，就自然分成不同种了。他也知道两族群间要有生殖上的障碍，才算分裂成不同的种，但那时他无力分辨形态不同到何种程度，方才发生生殖隔离。

在达尔文之后，关于物种的形成，也分裂成两派意见。第一派大都是博物学家，较懂得生物地理学，他们认为达尔文忽略了异地形成新种的重要性，坚信居住于同一地域的有性生殖族群，很难被分裂成两个互不交配的族群，强调地理隔绝是新种形成的关键条件。而第二派学者多为遗传学家，他们提出的“突变论”，就认为新种是突变产生的，而突变的出现是非常突然的。新物种形成就是从一个种内孕育出另一个新种的过程，也是选择进化的关键阶段。就像母亲十月怀胎一样，孕育新物质也是一个漫长的过程。一般包括三个环节：突变以及基因重组为进化提供原料；自然选择是进化的主导因素，这决定了一个物种会发育成什么样；隔离是物种形成的必要条件，只有离开母体才可以成为一个新的个体。这与一个婴儿的诞生过程是一样的。

自然界中物种形成的方式有多种，经过长期的地理隔离而达到生殖隔离是比较常见的一种方式。隔离加上自然环境的选择使各小种群向不同方向发展，这也可能形成新种。之前，人们一直认为形成一个新的物种可能需要上百万年的时间。后来发现，也不尽如此，像非洲维多利亚湖中成百上千的丽鱼物种就是在不到1.5万年的时间中形成的；差不多也是在1.5万年的时间中，北半球出现了数不胜数的鱼类和鸟类物种。

也有人认为，生殖隔离在几十代之后就可以实现较高水平的隔离，但要达到不可逆的程度却要花上更多时间。当然这一说法也颇具争议。一个例外就是当种群的基因组加倍，但彼此倍数不同因而不能成功杂交时，往往就会发生瞬时物种形成。例如英国的一种常见植物大米草就是当地大米草与引进的大米草物种杂交导致染色体加倍产生的新物种。

一般认为物种的形成有以下几种方式：继承式物种形成和分化式物种形成。后者又可根据成种的区域的不同，大致分为异域型、同域型和邻域型物种形成。

(1) 异域型的物种形成

通常我们本能地认为非洲的象属于同一物种，但是圣迭戈加利福尼亚大学的研究员则认为，非洲西部的象和非洲中部、东部和南部的草原上的象，或非洲中部森林的象，形态和DNA都出现了差异，并不属于同一物种。这就是目前广为学者们所接受的，由于地理隔离而进化形成新种的异域物种形成理论。然而，不是哪里都可以形成异域物种的，一般最易发生在很容易被忽略的极端边缘的小种群中。

通过造山运动、海啸和冰川运动等大范围的地理分割等地理隔离，原本完整的家庭破碎，骨肉被迫分离，不得已到一个陌生的环境里独立繁育自己的后代，形成新的生殖隔离机制，变异大的则能形成新种，变异不大的就成为亚种。一旦生殖隔离完成，即使地理隔离屏障消失，两个种群的个体可以再次相遇和接触，也不会再交配，基因交流已不可能，这时，这两个拥有不同基因的群落便成为不同的物种，一个新物种的形成过程大功告成了。

就以松鼠来说，美国纽约中央公园的松鼠之所以不会与附近新泽西州的松鼠发生种间杂交，很可能只是因为两地之间水土辽阔，对它们而言，交通不发达，没法走亲戚。通常可绕过这一难题的解决方案是人为地（比如在实验室中）让这些种群得以彼此接触。不过这样还是存在不确定性，因为实验中所观察到的交配模式不一定能反映出自然条件下的真实状态。对于现在应如何处理这个问题，争议很大。

（2）邻域型的物种形成

俗话说远亲不如近邻，两种群的地理分布区离得很近，走动多了感情也深了，就可能存在一定程度的基因交流，这也就是所谓的邻地域物种形成。

有些物种的性格比较孤僻，分布区很广但扩散能力较差，在分布区的边缘地带的一些种群，由于边缘栖息地环境上的区别，使种群内的次群分化、独立，虽然没有出现地理隔离屏障，也能成为基因流动的障碍，逐渐建立起自己独特的基因库，在自然选择的作用下，逐渐形成生殖隔离，最终形成了新的物种。

（3）同域型的物种形成

同域型的物种形成可能发生在没有地理隔离，但具有宿主选择差异、食物选择差异或生存环境选择差异的种群。生活在同一区域内的物种，由于资源的限制和种群内部的激烈竞争，导致生态位出现分化。在母种群分布区内部，由于生态位的分离，逐渐建立若干子群，占据不同生态位的群体出现基因交流的障碍，通过生殖隔离而形成新的物种。

在自然界中同域型物种形成的可能性很小，一般认为寄生生物中最有可能出现同域型物种形成。因为寄生物常具有宿主的特异性，又多在宿主体内交配，所以比较容易形成与母群的生殖隔离。

植物物种形成的一个重要特点是比动物易于产生杂种后代，即杂交能育性高。例如原来由生态或地理隔离产生的两个亚种或种，当屏障打开后由杂交而产生杂种后代，此时常出现一大批各式表现型的杂种个体，可称为杂种群。

7.3 生物多样性

地球上存在着多种多样的生物类型，它们既互相依赖又互相制约，使自然生态和食物链保持动态平衡和稳定，各种生物得以在不断变化的环境中生存和发展，是地球上各种生物赖以长期存在、繁衍、昌盛的基础和源泉。这就是我们所说的生物多样性。生物多样性是地球生命的基础，生命几乎无处不在，因此生物多样性同样也无处不在。

自然界中各个物种之间、生物与周围环境之间都存在着十分密切的联系，构成形形色色的生态系统。自然保护仅仅着眼于对物种本身进行保护是远远不够的，往往也难于取得理想的效果。要拯救珍稀濒危物种，不仅要对所涉及的物种的野生种群进行重点保护，而且还要保护好它们的栖息地。或者说，需要对物种所在的整个生态系统进行有效的保护。在这样的背景下，保护生物多样性便应运而生了。

1968 年，生物多样性这一概念出现在美国野生生物学家和保育学家雷蒙德的《一个不同类型的国度》一书中。但此后的十多年，这个词并没有得到广泛的认可和传播，直到 20 世纪 80 年代，“生物多样性”的缩写形式由罗森在 1985 年第一次使用，并于 1986 年第一次出现在公开出版物上，由此“生物多样性”才在环境和科学领域得到广泛传播和使用。

1992 年，联合国环境与发展会议签署的《生物多样性公约》将生物多样性定义为：“所有来源的活的生物体中的变异性，这些来源包括陆地、海洋和其他水生生态系统及其所构成的生态综合体；这包括基因、物种之间和生态系统的多样性。”

7.3.1 奇妙的基因

每一个物种或生物个体都保存着大量的遗传基因，可被看作一个基因库。一个物种所包含的基因越丰富，它对环境的适应能力就越强。遗传多样性作为生物多样性的重要组成部分，可以表现在多个层次上，如分子、细胞、个体等。

在自然界中，对于绝大多数有性生殖的物种而言，种群内的个体之间往往没有完全一致的基因型，而遗传物质突变是产生遗传多样性的根本原因。遗传物质的突变主要有两种类型，即染色体的畸变和基因突变。此外，基因重组也可以导致生物产生遗传变异。

遗传多样性越高，可供种群选择的基因就越多，对环境的适应能力就越强，更有利于族群的生存和发展。例如，人类有不同的肤色，这就是同种个体间性状的差异，而性状所表现的差异就是由基因的差异引起的。

我们通常认为家鸡和野鸡属于同一物种，但野鸡体重较轻，翅膀有横条花纹，尾巴较长，善于飞行、躲避强敌、隐藏自身，能够很好地在大自然中生存；而家鸡则在产卵和长肉等方面特别擅长，飞翔能力逐渐退化。这是什么原因呢？实际上，家鸡的祖先也是野鸡，它们的基因根本上是没有差异的，它们能够相互交配并能够产生可以再次繁殖的小鸡，且家鸡的品种还有很多，如来航鸡、白洛克、九斤黄、澳洲黑等，这些家鸡的功能、形态也有明显的差异，但是这些鸡都属于同一物种。还有像欧洲野猪与台湾野猪，这种形态、生理、行为、个性的差异就是源自遗传多样性。

遗传多样性是增加生产量及改善生物品质的源泉，人类利用野生动植物遗传基因进行育种的历史由来已久。以“杂交水稻之父”袁隆平为首的中国杂交水稻专家用野生水稻与普通水稻杂交，培育出了高产杂交水稻，这一成果在世界上被称为中国的“第五大发明”。

7.3.2 丰富的物种

从藻类到蓝鲸，地球的物种纷繁复杂，地球上到底生活着多少物种？随着人类科技的进步，我们可以探索银河、宇宙，可以下到深海研究，但却没有人知道我们生存的地球上到底有多少物种。有人估计全球的物种有 3 000 万种，也有人估计为 1 000 万种，比较保守的说法是 500 万种。

我们可以知道的是，世界上最具多样性的生物就是动物了，除了无脊椎动物，还有我们熟知的鱼类、两栖类、爬行类、鸟类、哺乳类等脊椎动物。在动物之中物种最多的当属昆虫。

最近的研究表明，全世界的昆虫估计现存种类实际在200万~500万种，约占地球所有生物物种的一半。但目前有名有姓的昆虫种类仅100万种，占动物界已知种类的2/3~3/4。在已定名的昆虫中，鞘翅目（甲虫）就有35万种之多（图7-5），其中象甲科最大，包括6万多种，是哺乳动物的10倍。鳞翅目（蝶与蛾）次之，有约20万种。

据说当年进化生物学家霍尔丹接受神学者询问关于他对创世者的看法时，他这样表示："创世者一定是对那些小昆虫格外宠爱。"目前有名字的哺乳类有4 710种，鸟类有8 000多种，两栖、爬行类合起来有8 000多种，鱼类有2万多种，昆虫与无脊椎类有130万种，维管束与非维管束植物加起来有40万种，总计有170多万种。即使全球只有500万种，我们迄今认识的物种也不到2/5，人类也不过是这万千物种中的沧海一粟。

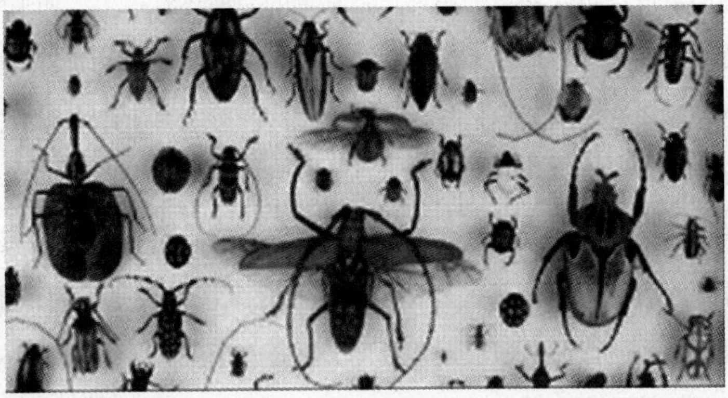

图7-5　疯狂的甲虫

【注】据估计，已有35万个甲虫物种拥有法定描述。

7.3.3　多彩的空间

生态系统是各种生物与其周围环境所构成的统一整体。生态系统的范围可大可小，小到一滴水及水中的所有生物也看作一个生态系统，大到整个生物圈也可看作一个生态系统。在生态系统之中，各个物种之间相互依赖，彼此制约，而且生物与其周围的各种环境因子也是相互作用的。生态系统中生产者、消费者、分解者，有能量的流动、物质的循环。

最为复杂的生态系统是热带雨林生态系统。热带雨林分布在赤道附近，降水量很大，是地球上面积最大、对人类生存环境影响最大的森林生态系统。热带雨林生态系统物种组成极为丰富，绝大部分是木本植物，高等植物有45 000种以上。在热带雨林中，通常有三到五层的植被，上面还有高达45米到54米的树木像帐篷一样支盖着。世界热带雨林分为三大群系类型，即印度马来雨林群系、非洲雨林群系、美洲雨林群系。中国的热带雨林主要分布在台湾省南部、海南岛、云南南部河口和西双版纳地区。此外，在西藏自治区墨脱县境内也有热带雨林的分布，这是世界热带雨林分布的最北边界。

在热带雨林中，马来西亚的塔豆最高的可长到80多米，西双版纳的望天树亦高达70米。热带雨林的种类组成极为丰富，尽管热带雨林仅占世界陆地面积的7%，但它所包含的植物总数却占了世界总数的一半。雨林中的动物极为繁多，但以小型、树栖动物为主。另一特点就是种类多而单种个体较少。尤其是雨林中的昆虫，找到100种昆虫比找到同种昆虫100只容易得多。科学家们相信，至今有很多雨林昆虫未被我们认知。

从热带雨林往北走到温带的日本、美国，这里的降水量没有赤道多，温湿度不同，日照也不同，因此，在这里你会看到不同的生态系统——阔叶林生态系统。这个生态系统与前面提到的雨林生态系统结构不同，功能也不同。再往北就到加拿大、俄罗斯，降水、土壤条件的差异，塑造成另一种所谓的寒带针叶林生态系统。

寒带针叶林、热带雨林、温带阔叶林都属于森林生态系统，对陆地生态环境有决定性作用。与陆地其他生态系统相比，森林生态系统有着最复杂的组成、最完整的结构，能量转换和物质循环最旺盛，因而生物生产力最高，生态效应最强。

此外，地球上还有许多其他的陆生生态系统，例如草原生态系统、沙漠生态系统、苔原生态系统等，没有一种可以取代另一种。沙漠中的生物无法在热带雨林中生活，而热带雨林中生活的种类，也没有一个能够在沙漠中苟活。有些生物也许可做短距离的迁移，但绝没有办法从一个生态系统搬家到另一个生态系统，因此我们可以做的最好的事，就是保持整个生态系统的稳定，并维持其多样性。破坏了生态系统，其中的物种、基因都会跟着消失。

众所周知，地球表面海洋面积占 2/3 以上，陆地上还到处有江、河、湖、沼等水体。不论咸水或淡水，面积或大或小，其中都生活着大量的生物有机体，不停息地进行着物质和能量的转换，形成各种不同的水生生态系统。一个水生生态系统中生物的种类多样，数量巨大，但都可按其在生态系统中的作用，分为生产者、消费者和分解者。

湿地是位于陆生生态系统和水生生态系统之间的过渡性地带，拥有众多野生动植物资源，是重要的生态系统。很多珍稀水禽的繁殖和迁徙离不开湿地，因此湿地被称为“鸟类的乐园”。湿地有强大的生态净化作用，又有“地球之肾”的美名。世界上最大的湿地是巴西中部马托格罗索州的潘塔纳尔沼泽地，面积达 2 500 万公顷，潘塔纳尔也被认为是全球动植物最密集的生态系统。

珊瑚礁生态系统，又称为海中的热带雨林，我们知道全世界至少有 9. 8 万种生物仰赖不同的珊瑚礁生活。而珊瑚礁对海水的温度变化敏感，水温只要增加 2℃，它就会白化，整个生态系统就要崩溃，千千万万的生物都会跟着灭绝。

近年来，有些学者还提出了景观多样性，作为生物多样性的第四个层次。景观多样性是指由不同类型的景观要素或生态系统构成的景观在空间结构、功能机制和时间动态方面的多样化程度。景观破碎化也是全球物种灭绝加快的一个重要原因，人人都有欣赏美的权利，那些美丽多样的风景、景观总是让人流连忘返，保护景观多样性，不仅是为大家，也是为自己留下一寸美丽之地。

遗传多样性是物种多样性和生态系统多样性的基础，或者说遗传多样性是生物多样性的内在形式。物种多样性是构成生态系统多样性的基本单元。因此，生态系统多样性离不开物种的多样性，也离不开不同物种所具有的遗传多样性。生物多样性对所有生态系统而言都至关重要——不仅是在国家公园或自然保护区等大自然地带，还包括农场、种植园甚至城市公园等人类管理的地方。生物多样性，是生态系统为人类提供福利的基础。

7.3.4 保护生物多样性

生物多样性是人类赖以生存的物质基础。现在，人类正以前所未有的速度改变着地球的面貌，一方面为人类生存创造了丰富的财富；另一方面，也极大地改变了其他生物的生存环境，使地球上的生物多样性不断减少，很多物种已经灭绝或濒临灭绝。虽然全世界到底有多少物种我们无从知晓，但可以确定的是，地球上正发生着前所未有的大规模物种灭绝。科学家估计，每天有 150 ~ 200 个物种灭绝。

地球上存在过相当多的物种，其中大多数——据认为是 99.9% ——已不复存在。一项研究表明，位于食物链顶端的肉食鱼类中 90% 已经在海洋里消失。保护生物多样性已成为 21 世纪全人类共同关注的重点。

2012 年的 5 月 22 日是国际生物多样性日，主题是“海洋生物多样性”。联合国秘书长潘基文在国际生物多样性日发表的致辞中向我们展现了海洋面临的危机——全球渔场一大半已经耗尽，另有 1/3 已经枯竭。海洋花园里的海草、红树林和珊瑚礁，有 30% ~35% 已被毁坏。塑料废弃物不断造成海洋生物死亡，来自陆地的污染导致大片近岸水体几乎无氧。不仅如此，化石燃料的过多燃用也在影响全球气候，致使海水升温，海平面升高，海洋酸度提高，而我们对各种后果只是刚刚开始认识，不可预料的结局也许正在一步一步地向我们靠近。

联合国气候小组 2007 年 4 月发布的一份报告指出，如果全球平均气温上升超过 1.5℃，那么在目前已评估过的动植物物种中，可能将有 20% ~30% 面临更大的威胁。报告还显示，除此之外，生态系统将面临更加难以承受的变化。

中国是地球上生物多样性最丰富的 12 个国家之一，也是世界上少数资源能够自给的国家之一。中国野生物种种类非常繁多，仅高等植物就有 3 万多种，脊椎动物 6 347 种，分别约占世界总数的 10% 和 14%，这是上天赐予我们的宝贵财富。另外，栽培植物和家养动物品种及其野生近缘种的繁多，超过世界上任何其他国家，如水稻有 5 万个品种、大豆有 2 万个品种、药用植物有 1 万多种等，这是我们曾经引以为傲的。此外，中国特有属、特有种多，科研价值也非常高。中国生物多样性丰富程度在北半球首屈一指。但是，中国历史上战乱频繁，人口众多，近年经济发展迅速，对生物多样性破坏十分严重，这些物种一旦灭绝，我们必将后悔莫及。中国保护生物多样性的任务极其繁重。

其实在过去的半个多世纪里，人类活动对生物多样性造成了前所未有的破坏。地球上的生物种类正在以相当于正常水平 1 000 倍的速度消失。全世界目前约有 3.4 万种植物和 5 200 多种动物濒临灭绝。这种情况对生态系统、社会经济和人类生活都造成了严重损害。

生物多样性受威胁因素很多，也不是一天两天造成的，归纳起来主要有以下五个方面：一是生物栖息地的丧失和破碎化，人类对土地的开垦和扩张，使得生物失去了它们心爱的栖息地，变得无家可归，环境污染以及气候变化也能造成生物栖息地的丧失；二是荒漠化，荒漠化土地占全球陆地面积的 30%，而且还在扩大；三是过度利用与消费，大量的野生生物资源遭到过度开发、利用，造成生物多样性的严重减退；四是规模化农业生产的影响，大规模的农业生产会间接造成几千年来农民培育、保存的大量作物品种和家畜品种的丧失，遗传多样性受到影响；五是生物入侵，外来有害物种一旦入侵，几乎无法断根儿，只能最大限度地控制其蔓延和危害，造成很多当地物种生活环境的恶化，改变了生态系统的构成，造成一些物种在当地的丧失，甚至灭绝。就以美国白蛾为例，它们不仅繁殖快、食性杂、抗性及适应性强，破坏力更是惊人，灾害严重时一两天内就可将全株树叶食光，造成部分枝条甚至整株死亡，号称“无烟的火灾”。

(1) 建设自然保护区,完善保护制度

全世界已建立的较大面积的保护区有 1 万多个，无论在保护物种、遗传、生态系统的多样性，还是在保护物种生存环境上都起到了非常重要的作用。许多国家对自然保护区和国家公园进行了专门的立法，如英国的《国家公园和乡土利用法》、韩国的《自然公园法》等。另外，一些国家制定了自然保护区或生物多样性保护方面的综合性法律，并将自然保护区纳入其中，例如日本的《自然保全法》、新西兰的《自然保护法》等，这些法律在保护生物多样性上取得了很大成效。

自 1992 年 6 月联合国在巴西召开环境及发展大会通过《生物多样性公约》、中国成为签字国以来，中国政府对保护生物多样性给予了相当多的关注，确定了环境保护为基本国策，制定了多个与保护生物多样性有关的法律和法规，并制定了有关政策。建立的1 550多个自然保护区，占国土面积的14.4%，担负着保护我国85%的陆地生态系统类型、85%的野生动物种群、65%的高等野生植物群落、国家重点保护的300余种珍稀濒危野生动物栖息地、130多种珍贵树木分布区的重任。在1998年我国发生特大洪水、2000年发生特大沙尘暴以后，国家又实施天然林保护工程等一系列措施，增加巨额资金的投入。这都是我国实施可持续发展战略保护生物多样性的重大举措，将造福于我国人民和子孙后代。

（2）外来入侵物种防治和建立外来物种管理法规体系

一个外来物种引入后可能因新的环境中没有相抗衡或制约它的生物，而成为真正的入侵者，打破平衡，改变或破坏当地的生态环境，不仅对当地生物构成威胁，同时给经济和人们的健康带来不可估量的损失。因此，一些国家对此进行了立法。如美国先后颁布或修订了《野生动物保护法》《外来有害生物预防和控制法》《联邦有害杂草法》等。

目前入侵我国的外来物种有400多种，其中危害较大的有100余种。在世界自然保护联盟公布的全球100种最具威胁的外来物种中，我国就有50余种。此外，一旦发现外来物种入侵，也可采取人工防治、机械去除以及生物防治等方法进行控制。

（3）增强宣传，人人行动起来

保护生物多样性，不是一朝一夕的事，需要大家持之以恒的共同努力。对于生物多样性的可持续发展这一问题来说，相较于政府采取的决策，更关键的是加强对民众的教育，广泛地开展与环境相关的文化教育、法律宣传。利用当地文化、习俗、传统、信仰、宗教和习惯中的环保意识和思想进行宣传教育。我们不要把保护生物多样性当作任务来执行，而要把它视为我们必须肩负的责任和使命。

潘塔纳尔湿地的生态系统曾经因为人类的一些活动险些毁于一旦，这些活动包括钓鱼消遣、狩猎、偷运濒危物种（美洲鳄、美洲豹、山猫、鹦鹉）、不受监管的旅游活动、森林砍伐、火耕等。近年来，为了保护潘塔纳尔区内的野生动物，当地政府和有关部门不但加强对当地居民进行环保教育和管制，例如在湿地的一些主要入口设立检查站，严禁捕杀动物和砍伐树木，而且对可捕杀的水生动物的种类和大小都进行了严格规定。政府还规定，凡是牧场的牛只要遭到美洲豹袭击，均可向政府索取赔偿，但严格禁止猎杀美洲豹。

黄河流域曾是我们中华民族的摇篮，在几千年以前，那里还是一片十分富饶的土地，树木林立，百花芬芳，各种野生动物四处出没。但由于长期的战争及人类过度的开发利用，这里已变成生物多样性十分贫乏的地区，到处是黄土荒坡，遇到刮风的天气便是飞沙走石，沙漠化十分严重。近年来由于人工植树，大搞“三北防护林”工程，人们对母亲河的善待，生物多样性得到了一定程度的恢复，沙漠化进程得到了抑制，森林覆盖率逐年上升，环境不断改善。

总之，一个物种的消亡往往是多个因素综合作用的结果。所以，生物多样性的保护工作是一项综合性的工程，需要各方面的参与。只有人们与政府联合行动起来，我们的大自然才会一天比一天丰富多彩。

7.3.5 保护生物多样性的意义

生物多样性是地球上生命的基础，也是可持续发展的支柱之一，我们的衣、食、住、行及物质文化生活的许多方面都与生物多样性的维持密切相关。对于人类来说，生物多样性具有直接使用价值、间接使用价值和潜在使用价值，例如，许多植物是人类可以利用的良药和食物，森林对于调节气候和气温都起着极大的作用，动物为人类提供了肉食、皮毛、医药。

(1) 直接价值

生物为人类提供了食物、纤维、木材、药材、多种工业原料、家具材料及其他生活、生产原料。如红枣、当归、三七都是非常普遍的食物和药材。热带雨林中生物资源极为丰富，如可可、金鸡纳等是非常珍贵的经济植物，三叶橡胶是世界上最重要的橡胶植物，还有众多物种的经济价值有待开发。

湿地的丰富物产资源也具有很高价值，像湿地富产鱼、虾、藻类、莲藕、芦苇、药材等，这些都是相当重要的农业、渔业、牧业和副业自然资源。湿地中的泥炭是很好的燃料，湿地是重要的油田分布区域，碱水湖和盐湖湿地中有各种矿砂和盐类资源。

（2）间接使用价值

生物多样性具有重要的生态功能，在保持土壤肥力、保证水质以及调节气候等方面发挥了重要作用。森林不仅能够为人类提供大量的木材和林副业产品，而且在维持生物圈的稳定、改善生态环境等方面起着重要的作用。例如，森林植物通过光合作用，每天都消耗大量的二氧化碳，释放出大量的氧气，这对于维持大气中二氧化碳和氧气含量的平衡具有重要意义。又如，在降雨时，乔木层、灌木层和草本植物层都能够截留一部分雨水，大大减缓雨水对地面的冲刷，最大限度地减少地表径流。枯枝落叶层就像一层厚厚的海绵，能够大量地吸收和储存雨水。因此，森林在涵养水源、保持水土方面起着重要作用，有“绿色水库”之称。

湿地是全球三大生态系统之一，其生态作用得到越来越多的重视。湿地具有强大的沉积和净化作用。流水进入湿地后，各种物质随水流缓慢沉积，成为湿地植物的养料，其中的有毒物质被迅速分解。湿地中含有大量的水，在水的生态循环中具有重要作用。

（3）潜在使用价值

野生生物种类繁多，虽然做过充分研究的只是极少数，大量野生生物的使用价值目前还不清楚，但是我们可以肯定，这些野生动物一定会给我们很大的惊喜。一种野生动物一旦灭绝，便基本不可能再生。今天仍生存在我们地球上的物种，尤其是那些处于灭绝边缘的物种，一旦消失了，那么人类可能永远丧失这些宝贵的生物资源。而保护生物多样性，特别是保护濒危物种，对于人类后代，对于科学事业都具有重大的战略意义。

生物多样性是人类赖以生存和发展的物质基础，是人类拥有的宝贵财富之一。但随着人口数量的增加、人类活动的加剧和新技术的发展，地球上的土地、水、生物等资源正遭到过度开发利用，环境受到污染，生物生存环境被破坏，物种灭绝的速度大大加快。有些物种尚不为人知，就已经灭绝，生物多样性被严重破坏。为了保护人类美好的家园，为了子孙后代的生存发展，正确认识生物多样性的价值，加强生物多样性的研究、保护、合理利用非常必要和迫切。

8 生命的空间——生命与环境

从遥远的太空观看，地球是一颗披着蓝色“面纱”的美丽行星，然而地球真正美妙动人之处却是蓝色“面纱”下绚丽多彩的生物圈，它是地球上所有生物的家园。地球上的生物形形色色，种类繁多，分布广泛。

然而，生物的生存离不开自己的“家”——环境，生物的生命活动又不断影响和改变着环境，生物与环境是息息相关的。生物在环境中总是以四个基本层次存在：个体、种群、群落、生态系统。

8.1 生物个体与环境

宇宙的奇妙一直令人叹为观止，到处彰显出创造的智慧，地球之所以能成为太阳系唯一适合生物生存的星球，实因一切都安排得太合理。太阳是地球上光、热的主要来源，而地球与太阳的距离恰到好处，如果更近些，我们就会被烧焦，只有极少数耐热生物能够存活下来，没有其他生物依存，最终它们也会灭绝；如果离稍远些，我们就会被冻成冰块。地球绕太阳公转时有一个偏角，各地才出现了春夏秋冬。如果没有这个偏角，热的地方总是热，冷的地方总是冷，地球上将不存在适合我们人类居住的地方。地球对大气层的作用也是尤为重要的。如果地球的直径比现在小，大气中的氧气就不会被引力吸在地球上，人类将无法生存；如果地球的直径过大，地球的引力又将太大而使人类无法承受，我们被紧紧吸引在地球上，但是我们不能活动。水对生物的重要性也毋庸置疑。地球上的生物大都是热胀冷缩，唯独水却别具一格，在4℃时密度最大，温度低于4℃时反而膨胀，所以冰总是漂浮在水面上。如果水也遵循热胀冷缩的规则，一结冰就会沉下去，那么河流湖泊从上到下都会被冻得严严实实的，任何水生生物都无法存活。这些生命必需的条件只要缺少一个环节，或某个环节出现错误，人类、动物、植物就会从地球上消失！

在环境中，对生物的生长、发育、生殖、行为和分布有直接或间接影响的环境要素，我们称为生态因子。生态因子是环境中对生物起作用的因子，而环境因子则是指生物体外部的全部要素。

自然界中生态因子的种类很多，常直接作用于个体和群体，主要影响个体生存和繁殖、种群分布和数量、群落结构和功能等。各种生态因子之间是相互联系、相互影响的，不同的生态因子共同影响着生物的行为。

影响生物生存的主要生态因子有光、温度、水分、土壤等，下面我们逐一介绍这几种生态因子对生物的影响。

8.1.1 光的生态作用

当地球自转时，赤道附近照射的时间长（日周期）；而地球公转时，夏天北半球照射的时间长，冬天南半球照射的时间长（季节周期）。低纬度地区有较为恒定的热量，高纬度比低纬度地区接受的能量少。光的波长为 150 ~ 4 000 纳米，分紫外光、可见光和红外光三类，波长在 380 ~ 760 纳米的光为可见光。绿色植物光合作用的有效光波范围是 380 ~ 700 纳米。

光是一个十分复杂而重要的生态因子，包括光强、光质（光的波长）和光照长度。

地球上生物生活所必需的能量几乎都直接或间接来自太阳能。光是地球上所有生物得以生存和繁衍的最主要的能量源泉，绿色植物通过光合作用将太阳能转化为化学能，这是太阳能进入生态系统的通路，也是食物链的起点。我们说万物生长靠太阳，也说明了光对生物生长的作用不容小觑。光也是一个十分复杂的生态因子，光强、光质和光照长度都会对生物的生长发育和地理分布产生深刻的影响，同时，生物自身对光因子也会产生极其多样的适应性。

（1）光照强度

光照强度对植物的生长发育有重要影响。光照强度主要影响植物的光合作用，光合作用的效率与光照强度成正比，此外植物的光合器官叶绿体必须在一定的光照强度条件下才能形成。在黑暗条件下，植物就会出现黄化现象。在植物完成光周期诱导和花芽开始分化时，光照强度越大，时间越长，形成的有机物越多，越有利于花和果实的成长发育。最典型的一个例子就是新疆的瓜果。去过新疆的人都会对“吐鲁番的葡萄，哈密的瓜，库尔勒的香梨顶呱呱”这句古老的民谣印象深刻。新疆瓜果品质奇佳与当地气候干旱密切相关。当地光照时间长，太阳辐射强，昼夜温差大。丰富的阳光是瓜果进行光合作用合成有机物，特别是瓜果中糖分等可溶性固体物的动力；丰富的热量则是保证瓜果生长发育所必需的环境条件；昼夜温差大有利于白天光合作用制造较多的有机物和糖分，而在夜间呼吸作用时消耗得最少。

光照强度与很多动物的行为也有密切的关系，有些动物适应在白天的强光下活动，有些动物则适应在夜晚的弱光下活动，还有些动物既能适应强光也能适应弱光，它们常常不分昼夜地交替活动和休息，饿了就出来找食物，吃饱了就呼呼大睡，如田鼠。那么为什么白天看不见猫头鹰？为什么蝙蝠总是在傍晚才出现？为什么喜鹊晚上不叫呢？告诉你，那是因为动物有自己的白天和黑夜。原来在动物眼睛的视网膜上，有许多神经细胞，这些神经细胞能把从外界接收到的信息迅速传递给大脑，形成视觉图像。神经细胞分为两类，一类是能捕捉亮光的锥状体，一类是能捕捉暗光的杆状体。像昼行性动物，如燕子、蝴蝶、喜鹊、猴子等大多数鸟类和兽类，它们的视觉神经细胞就是锥状体。而夜行性动物，如猫头鹰、蝙蝠、家鼠、壁虎等，它们的视觉神经细胞则是杆状体。由于杆状体视觉神经细胞一般只能感觉到暗光，所以猫、狗类的动物分辨不出色彩，它们看任何物体都是灰色的。但是我们要注意，并不是所有的夜行性动物都是受光照强度的影响而在夜间活动的。例如有些大型动物，白天容易暴露自己，借助夜色掩护它们更容易成功捕到食物，如狼；还有些动物为了躲避天敌、保护自己，也会选择在夜间活动，如鼠类。

(2) 光　质

光对植物的生长发育至关重要，它不仅作为光合作用的一种能源，还是一种触发信号，被植物体内不同的光受体感知。红光通过抑制光合产物从叶中输出增加叶片的淀粉积累，而蓝光则能调控叶绿素形成、气孔开启等生理过程。光质能调节不同类型叶绿素蛋白质的形成以及光系统之间的电子传递。根据这个原理，在农业生产中可以利用浅蓝色薄膜代替无色薄膜育秧，当太阳光通过薄膜时光合作用所需的380～490纳米的光能被选择性吸收促进植物的光合作用和代谢过程，从而使幼苗茁壮生长。

对动物来说，可见光会影响它们的生殖、迁徙、羽毛更换、体色变化等。将蛱蝶分别放在光照和黑暗的环境下培养，一段时间后，在光照环境中生长的蛱蝶体色变淡，而生长在黑暗环境中的蛱蝶身体则呈暗色。此外，许多昆虫对光都有不同程度的趋向性，例如蚜虫对粉色有正趋性，对黑色、银白色有负趋性，借此我们可以把银灰色塑料薄膜隔行铺在蔬菜、烟草的行间，来防蚜虫。

由于地球不停的公转和自转导致太阳高度和角度发生周期性的变化，从而出现了地球上光照长短的周期性变化，即光周期。光周期对植物的开花尤为重要，我们知道春天桃花会开放，夏天牵牛花会开放，秋天菊花会开放，冬天梅花会开放，但是在其他季节却见不到这些花，这是因为植物必须经过一定时间的适宜的光周期后才能开花，否则就一直处于营养生长阶段。

（3）光照长度

根据对日照长度的反应类型可把植物分为长日照植物、短日照植物、中日照植物和中间型植物。长日照植物是指在日照时间长于一定数值（一般14小时以上）才能开花的植物，如冬小麦、大麦、油菜和甜菜等，而且光照时间越长，开花越早。短日照植物则是日照时间短于一定数值（一般14小时以上的黑暗）才能开花的植物，如水稻、棉花、大豆和烟草等。中日照植物的开花要求昼夜长短比例接近相等（12小时左右），如甘蔗等。在任何日照条件下都能开花的植物是中间型植物，如番茄、黄瓜和辣椒等。在我国，将短日照植物从南方引种到北方，会延迟开花，如果所引品种只是为了收获果实或种子，则应选择早熟品种；而从北方引种到南方，则应选择晚熟品种。这对植物的引种、育种工作很重要。

8.1.2 温度的生态作用

任何生物都是在一定的温度范围内活动，温度是对生物影响最为明显的环境因素之一。生物体内物质和能量代谢的生理生化过程是生长发育的基础，而一切生理生化过程都要受到温度的影响，所以说温度是一种无时无刻不在起作用的重要生态因子。任何生物的生长发育都必须在一定的温度范围内才能进行，因为生命活动的每一个生理生化过程都需要酶的参与，而酶的活性都有其对应的最低温度、最适温度和最高温度。

温度与生物发育的关系一方面体现在某些植物需要经过一个低温春化阶段，才能开花结果，完成生命周期；另一方面反映在有效积温法则上。有效积温法则的主要含义是植物在生长发育过程中，必须从环境中摄取一定的热量才能完成某一阶段的发育，而且植物各个发育阶段所需要的总热量是一个常数。有效积温法则不仅适用于植物，还适用于昆虫和其他一些变温动物。在生产实践中，有效积温可作为农业规划、引种、作物布局和预测农时的重要依据。

当环境温度过低时，植物的蛋白质合成受阻，碳水化合物减少，导致代谢紊乱。温度低于一定数值，生物便会受害，这个数值称为临界温度。在临界温度以下，温度越低生物受害越严重。低温对生物的伤害可分为寒害和冻害两种。寒害是指温度在0℃以上对喜温生物造成的伤害。冻害是指0℃以下的低温使生物体内（细胞内和细胞间）形成冰晶而造成的损害。植物在温度降至冰点以下时，会在细胞间隙形成冰晶，原生质因此而失水破损。极端低温对动物的致死作用主要是体液的冰冻和结晶，使原生质受到机械损伤、蛋白质脱水变性。昆虫等少数动物的体液能忍受0℃以下的低温仍不结冰，这种现象称为过冷却。过冷却是动物对低温的一种适应方式。

而高温会促进植物的蒸腾作用，破坏水分平衡，会使植物萎蔫枯死。可见，只有在最适温度下植物才能进行正常的生长发育。温度影响着植物的分布，寒冷地区针叶林较常见，而温带地区阔叶林较常见。为了适应环境温度的变化，植物会做出五花八门的防御措施。鹿蹄草在低温环境中通过减少细胞中的水分，增加细胞中的脂肪、糖类或色素等物质降低冰点，增加抗寒能力。生活在北极的植物，它们的表面生有蜡粉和密毛，植株矮小并呈匍匐状或莲座状等，这种形态可以帮助它们保持温度，对抗严寒。而在高温环境下，有些植物生有茸毛和鳞片，能过滤阳光；有些植物叶片垂直排列或呈折叠状，以减少光的吸收面积；有些植物体呈白色或银白色，利用白色的吸光能力差，反射一大部分阳光；甚至有些植物的根茎和树干生有厚厚的木栓层，以此来隔绝高温的影响。除此之外，有些植物通过休眠来对抗极端温度。

温度对动物的形态和分布也会产生较大影响。最典型的例子就是生活在南极的企鹅。在很久以前，南极并不是一个冰天雪地的地方时，企鹅和很多动物的祖先就在那里生活了。后来南极越来越冷，其他动物忍受不住寒冷就离开了，而企鹅为了适应环境，羽毛变得密集重叠，皮下的脂肪层也越来越厚。密集的羽毛既能防止海水渗透，又能抵抗寒风的侵袭，而厚厚的皮下脂肪也能起到保暖御寒的作用，从而使企鹅可以继续在南极生活。此外，企鹅还能根据温度变化调节自身。当气温降到 -10℃时，它们就把热量消耗降到最低点，从而节省和保存大量热能。如果气温继续下降，成千上万只企鹅就会紧紧挤在一起，形成一条巨大的“保温被”，使身体周围的温度不会过低。企鹅的生理结构和防御机制使它完全适应了南极严寒的生活。

我们知道，在企鹅一生中，生活在海里和陆地上的时间各占一半，所以冰雪覆盖的南极便成了它们主要的生存繁衍之地。除了南极洲以外，在南半球的许多岛屿上，甚至是位于赤道附近的加拉帕格斯群岛上也有企鹅分布。然而在同样气候酷寒、冰雪茫茫的北极地区，却看不到企鹅的踪迹，这一现象令人费解。最合理的解释就是炎热的天气阻挡了企鹅往北方迁徙的去路。因为企鹅的祖先——管鼻类动物是在赤道以南的区域开始出现的，而较高的气温和温暖的赤道水流形成了一个物理屏障，使它们的迁徙受到了阻碍，所以企鹅分布的最北端只能是平均气温 20℃的区域。

8.1.3 水的生态作用

相对于光和温度，水、大气、土壤是另一类生态因子，它们构成有机体生活的空间或栖息地，成为生物生存的必需条件。同时，它们又为生物体的建成提供了常量元素（如碳、氢、氧等）与微量元素（如锌、碘等）。因此，这些生态因子组成了地球上的物质环境。

水也是一种生态因子，是任何生物体必不可少的重要组成成分。植物的含水量为60%～80%，而动物的含水量更高，例如，水母的含水量高达95%。水不仅是植物光合作用的原料，还是生物体新陈代谢的直接参与者，生命的一切代谢活动都必须以水为介质，生物体内营养的运输、激素的传递、废物的排出以及生命赖以生存的化学反应，都必须在水溶液中进行。

水是植物的组成部分，在生命活动过程中需要不断有水的补给。植物的需水量是相当大的，一株玉米一天大约需要2千克的水，一生中至少需要200千克的水才能保持正常的生命活动。夏季一株树的需水量约为其全部鲜叶重量的5倍。因此缺水对植物来说十分严重。植物所需要的水分绝大部分来自土壤。在长期的进化过程中，植物通过体内水分平衡，即根系吸收水和叶片蒸发水之间的平衡来适应周围的水环境。这一切都要归功于植物有一个神奇的气孔，它能够自动开关，当水分充足时气孔张开以保证气体交换，当水分匮乏时气孔又会自动关闭以减少水分散失。根据植物的生长环境，植物分为陆生植物和水生植物。陆生植物又随生长环境的潮湿状态分为湿生植物、中生植物和旱生植物（图8－1、图8－2）。各类植物形成了其自身的适应特性。

图8－1 热带雨林中的湿生植物

有些植物还生有一层厚厚的蜡质表皮，可以减少水分蒸发，以适应干旱季节。仙人掌就是这样一个例子，它们大多生活在干旱环境里，为减少高温引起的强烈蒸腾作用，叶片退化为刺，表面有层蜡质，根系很深，白天气孔关闭以使较少水分流失。除了形体上的适应，仙人掌还有一种特殊的本领，在干旱季节，它可以不吃不喝进入休眠状态，把体内的养料和水分降到最低程度。当雨季来临，它又可以敏感地“苏醒”，根系立即吸收大量的水分，使植株迅速生长。有些仙人掌类植物的根系变成胡萝卜状，可储存多达40千克的水分。曾有人把仙人球包在干燥的纸袋里放了两年多，尽管它们的外形已经皱缩了，但是放到盆里浇水后，很快就长出了新根。仙人掌惊人的耐旱力和顽强的生命力使它能够适应干旱的环境，成为沙漠里一道亮丽的风景。

图 8－2 荒漠中的旱生植物（锦刺）

动物与植物一样，必须保持体内的水平衡才能维持生存。水生动物保持体内的水平衡是依赖于水的渗透调节作用，陆生动物则依靠水分的摄入与排出的动态平衡，从而形成了生理上、组织形态上及行为上的适应。

许多动物生理上也具有适应干旱的特点。例如有“沙漠之舟”美称的骆驼。有记载称，骆驼 17 天不喝水依然可以照常行走。这是因为骆驼的胃里有许多瓶子形状的小泡泡，可以储存近百千克的水，这些“瓶子”里的水使骆驼即使几天不喝水，也不会有生命危险。此外，骆驼的驼峰里储存着大量的脂肪，这些脂肪在骆驼得不到食物的时候，不仅能够分解成骆驼身体所需的养分，供骆驼生存需要，脂肪氧化又可产生水分，因此骆驼能不饮不食数日。

有机体在陆地生存中面临的最严重问题之一就是连续失水，使有机体有可能因失水而干死，因而陆生动物在进化过程中形成了各种减少失水或保持水分的机制，如减少蒸发失水、减少排泄失水等。野营自救时这点常识要有哟！

8.1.4 土壤的生态作用

土壤对于生物有什么意义呢？

土壤是指岩石圈表面的疏松表层，是陆地植物生活的基质。它不仅为植物提供生活必需的营养和水分，还是生态系统中物质与能量交换的重要场所。土壤就像是一个商店，植物通过根系与土壤进行频繁的物质交换。肥沃的土壤能同时满足植物对水分和养料的需求，是植物正常生长发育的基础。土壤温度直接影响植物种子的萌发和根系的生长，低温会降低根系的呼吸强度，使代谢减慢，根系生长受到抑制；高温则使根系过早成熟，根部木质化程度大，从而减少了根系的有效吸收面积。土壤的矿物质营养必须溶解在水中才能被植物吸收利用，水分太少引起干旱，水分太多又导致涝害，对植物的生长都不利。土壤空气中氧气含量较低，通常只有10%～12%，有时甚至会降到10%以下，这就可能会抑制根系的呼吸作用；而土壤中的二氧化碳浓度则比大气中高几十甚至上千倍，植物光合作用所需的二氧化碳有一半来自土壤，然而当土壤中二氧化碳含量过高时，植物的呼吸作用受阻，严重时会窒息死亡。

土壤也是许多地下生物的栖息场所，土壤中的空气和水是它们生存的条件。土壤中的生物包括细菌、真菌、放线菌、原生动物、软体动物、节肢动物等。土壤的含水量和通气状况会影响动物的生长和繁殖，当土壤中水分过多、通气状况差时，一些动物会因缺氧而窒息死亡，因此农业上常用灌溉法杀死一些土壤中的动物。

8.2 种群与环境

在自然界，任何生物都不是以个体分散存在的，而是以不同数量的个体集合在一起，形成具有一定年龄、性别、遗传特征以及空间结构的组织单元。大多数动物都是群居生活的，它们或是形成数量不多的小群体，或是以较大的“社会”群体而存在。大到全世界的海豚可视为一个种群，小到校园中的一片草地可作为一个种群，甚至一群家猪也可以视为一个种群。动物的群居生活对它们的生存发展十分有利。例如，蚂蚁的个头虽小，但它们却可以依靠群体的力量，来消灭比它们大得多的动物。我们就来看看什么是种群吧。

8.2.1 种　群

种群指在一定时间内占据一定空间的同种生物的所有个体，例如在一片草原上的斑马，生长在同一个山头的树木等。在自然分类的种以上单位是就其进化的亲缘关系划分的，种群是自然界存在的基本单位，亦是物种进化的基本单位。它是一种特殊组合，具有独特性质、结构、机能，有自动调节大小的能力。

种群又是生物群落的基本组成单位，群落是由种群所组成的。种群占有一定的领域，由同种生物个体组成，但它不是个体的简单相加，而是同种个体通过种内关系组成的一个有机整体。组成种群的个体可以自由交配、繁衍后代，随着时间的推移而死亡和消失，又不断通过新生个体的补充而延续。

8.2.2　种内关系

种群内部个体与个体之间由于捕食、繁殖、竞争等行为形成了千丝万缕的联系，这就使得种内关系变得尤为复杂。动物种群和植物种群在这方面表现出很大的差异：植物种群的种内关系主要有集群和密度效应，动物种群的种内关系主要有集群、种内竞争、领域性、社会等级等。

（1）密度效应

由于生长空间的限制，同种植物不同个体之间往往会竞争阳光、水分、空气、养料等无机环境因子，这种斗争会随着种群密度而加剧。例如，在农田里同种作物常出现大小不同的幼苗。经过一段时间后，由于地势优势，大苗能争夺到较多的阳光、水分、空气和养料等，生长得越发茂盛；而那些较小的苗往往会因为得不到充足的资源而出现黄化现象，甚至死去。因此，通过合理密植可以充分利用单位土地面积的资源，提高农作物产量。相反，栽种过密时，作物之间相互遮光，争夺养料，反而使个体生长受阻，死亡率上升，降低产量。

（2）集　群

同种生物的个体或多或少都会在一定时期内生活在一起，从而保证种群的生存和繁殖，这种现象就称为集群，它是动物对环境的一种重要的适应性。动物集群的目的是各种各样的，有的是抵御严寒，有的是共同防御敌害，有的是提高捕食效率，还有的仅仅是促进繁殖，如一些仓鼠、老虎等主要是独自行动，只有在交配时才聚集在一起。

集群有利于抵御寒冷和防御敌害。蜜蜂成群地聚集在一起，由于个体产热量较小，它们在过冬的蜂房里聚集成紧紧的一团，每只蜜蜂都振动翅膀来产生热量。在蜂群簇团中间的蜜蜂是最暖和的，因为它们从紧紧围在身边的蜜蜂身上获取温暖，而在蜂群簇团外围的蜜蜂因为和空气接触，散失了部分热量到空气中，因而相对冷一些。蜂群温度由边缘向中间持续稳定地过渡，使得寒冷引起的死亡率保持在最低水平。蜜蜂的集群也是抵御外敌入侵的一种有效手段。日本蜜蜂的蜂巢有着最好的防御体系，即使大黄蜂这样体型庞大的动物也束手无策。当大黄蜂入侵时，首先负责警戒的工蜂会发出报警信号，大群的工蜂很快到达，成群的工蜂将大黄蜂紧紧包围，它们不停地抖动翅膀和肌肉来提高自己的体温。大黄蜂所能承受的最高温度是40.5℃，而日本工蜂能承受40.8℃的高温，几十只工蜂包围大黄蜂时使自己的体温升高，最终把大黄蜂闷死。通过群体防御，日本工蜂不仅借助这0.3℃的体温差异存活了下来，更重要的是让整个蜂巢避免了灭顶之灾。

集群飞行可以节约鸟类的体力和保护每个个体。大雁的迁徙是一种再平常不过的现象，可是为什么大雁总是排成整齐的“一”字形和“人”字形队伍，它们难道仅仅是为了美观？其实不然。因为当前面的雁振动翅膀飞行时，可以引起微弱的上升气流，后面的雁就利用这股气流的冲力，在高空中滑翔。这样一只接一只就形成了整齐的“一”字形或“人”字形。此外大雁的整齐队伍也可以更好地防御敌人的袭击，这是一种集群本能的表现。对于这种正在迁徙的大雁群体来说，数量越大越安全，而单独个体势必会遭到捕食者的攻击。这是因为当敌害出现时，它们会迅速成群逃离，这种混乱效应增加了捕食者集中精力对准某一个体的难度，从而增加了每个成员存活的可能性。

同时集群还具有稀释和保护效应，对于任何一种捕食动物的攻击，猎物群体越大，其中每个个体被捕杀的概率越小，这样，一种动物就可以与同类个体生活在一起而得到保护。从稀释效应的角度，便可以解释鸵鸟在育雏期间的奇异行为。当两只雌鸟相遇时，每只雌鸟都试图偷取对方的幼鸟，因为偷取的幼鸟能扩大家庭中幼鸟群体的数量，当受到捕食者攻击时，自己亲生幼鸟被捕杀的概率就会减少。

集群也有利于捕食。许多动物群体进行合作捕食，捕杀到猎物的概率明显增大。成群狮子捕食的成功率大概是个体捕食的两倍。对于那些单独觅食的动物，集群有利于交换食物信息。很多鸟类群体中，找到丰富食物源的个体，第二天会直接飞到那个地方继续觅食，而其他成员就会被引导到同一地方。对于那些食物资源分布不稳定的鸟类，如海鸟、琼鸟等，群体内部个体之间的这种信息交流就显得尤为重要了。

当然，集群也会带来一些不利影响。例如，虽然狮子群体捕获到的猎物比个体捕食多，但是这些食物必须被群体内所有成员分享，对于每个成员都存在着竞争食物的压力。同样，群体中的成员由于配偶的缺乏也存在着繁殖竞争，一些优势成员能控制交配优先权，而其他一些成员则可能得不到繁殖的机会。

（3）种内竞争

在一定的种群密度下，动物的集群有利于群体的生存和增长。但是密度过高时，由于食物和空间资源缺乏，同种生物个体之间为争夺有限的食物、栖息场所、交配权以及光、温度、水等各种生态因子常常会发生激烈的斗争。如乌鳢孵仔鱼时，成鱼会保护仔鱼，待鱼仔稍大，成鱼又会因为食物不足而以自己的幼鱼为食。在蝌蚪密度大的池塘里，蝌蚪能从肠道排出一种有毒物质，抑制其他蝌蚪的生长和发育。

为了交配引起的冲突是动物界最常见的种内竞争，动物的交配是种自私的行为，雄性希望世界各地遍布自己的子孙，而雌性希望为自己的后代选择最优良的基因。为了达到这个目的，雄性之间争夺领地，争夺交配的优先权，往往会掀起一场血雨腥风。从美国北部海象的例子中我们可以清晰地看到这一点。每到 12 月末，雄性海象就会到加利福尼亚的海岸繁殖，为了向异性证明自己的英勇善战，它们要进行霸权竞争，起初它们通过吼叫或摆出威严的姿势，以吓退敌手。有时，一些不知情的外来入侵者往往会挑衅那些冠军，这最终将引发一场残酷的流血冲突。当雌海象到来，雄海象之间的竞争尤为激烈。到 1 月份，雌海象准备交配时，雄性之间的竞争达到巅峰，因为最优秀的那只海象将会控制一年的繁殖交配权。有研究者曾对 115 头雄海象进行了跟踪调查，结果发现在他们观察到的 144 次性交配中，5 头最占优势的海象就占了 123 次。雄性的交配欲很强，然而荣誉的背后也伴随着牺牲，斗争和交配是消耗体力的，当繁殖季节结束时，成功的海象们耗尽了体内的脂肪储备，而且精疲力尽毫无反抗能力，最终死于饥饿和疾病。但是它们成功地繁殖了，它们的后代将遍布世界各地，继续完成它们的愿望！

（4）领域性

不论采取何种组织形式，所有动物都需要有足够的基本资源，如巢穴、食物等。为了保证充足的基本资源，个体或群体动物都必须拥有一定的领域。领域性是种内竞争的方式之一，占有者通过占有一定的空间获取生存所需的各种资源。一些领域是暂时性的，例如很多鸟类只在繁殖期才建立领域；另一些领域则是永久的，如生活在森林的每一对灰林鸮都会占有一块林地，和后代一直生存在这里，并不允许其他个体入侵，有高度领域性。雏鸟离开父母后，若找不到领地，就要面临挨饿受冻的情况。

早在 19 世纪，知更鸟就常常出现在圣诞贺卡上，它们被看作“快乐明星”，成为节日的象征。数只知更鸟停留在晾衣绳上相互取暖，这是多么和谐美好的画面啊。但是，事实上，知更鸟是非常争强好胜的，为了争夺和保护领地，它们经常大打出手。当知更鸟发现中意的领地时，它就会极力保护它的领地，即使面对要好的同伴，它也能做到残酷无情。即使在它的领地上插上一支红黑色的羽毛，也能把它激怒，一场血雨腥风在所难免。在非交配季节，雄鸟和雌鸟并不住在一起，它们各自占有一块领地，它们飞扬跋扈地用嘴和爪子捍卫自己的领地，同类之间的战争显得尤为残忍。知更鸟往往会用爪子和翅膀袭击对手，并试图把对手按倒在地上，用它们尖锐的嘴不停地啄对方的眼睛和头部，它们竭力把对手置于死地，这场领土争夺战能持续数小时，最终以一方的胜利告终。

其他动物捍卫领地的方式也是多种多样的。春天里悦耳的鸟鸣声或许就是一场竞赛，这种鸣叫竞赛通常发生在雄性之中，雄性鸟类放开歌喉，用最大的嗓音向其他鸟类示威，宣布自己的一片领地，并警告其他鸟类远离自己的领地。只有这样它才能吸引异性，取得繁殖权。还有一些动物甚至通过在领地的边界排便或散发某种气味来确立自己对繁殖领地的占有权。这就是为什么猫会蹭你的腿，你已经被它嘴角的腺体染上气味，被确定为其领地的一部分。

（5）社会等级

在一些动物种群中，动物的地位呈现一定的高低排列。社会等级在群居动物中普遍存在。在螃蟹群体中，个体越大，它所处的地位就越高。最大的螃蟹爬行时往往挥舞着大钳，横行霸道，它借助八个爪子让腹部撑离地面，借此来显示它的威严和霸主地位。而那些弱小者，见了它就得俯首称臣，把爪子平铺在地，它们绝不敢挺起肚子，否则就会挨打了。那些张牙舞爪、气势逼人的螃蟹，如果遇到更大的螃蟹，它也得老老实实把腹部贴到地面，把爪子和大钳统统收起来。一些不服气的螃蟹往往会掀起激烈的斗争，到最后总会有一方败下阵来。所以我们看到有的螃蟹没有钳子或只有一个，这可能都是一场惨烈争斗的结果。

在蚂蚁王国中，也存在一定的社会等级，主要分为蚁后、蚁王、兵蚁和工蚁。蚁后是专门产卵的生殖机器，使种族得以延续，它们具有膨大的生殖腺和特异的性行为，采食和保卫等机能则完全退化；蚁王体型比蚁后稍小，主要职能是和蚁后交配，但它们命不长，交配后不久便死亡了；兵蚁专门负责防御工作，保护王国免遭外敌入侵；工蚁则负责采集食物、养育后代、修建巢穴等一系列体力劳动。每到繁殖季节，蚁后会与蚁王交配，交配过后蚁王便会死去，蚁后则脱掉翅膀，一心一意地繁殖后代。直到新繁殖的后代中出现工蚁，蚁后就成了名副其实的“女太上皇”。蚁后的生命力很强，能活十几年，它们的繁殖力也十分惊人，所以能长期统治蚁群。然而蚂蚁王国中的社会等级并不意味着地位的高低，蚂蚁社会中的蚂蚁们都是彼此平等的，就连蚂蚁女王也仅仅是起“生儿育女”的作用。可以说，蚂蚁王国是一个永远协调一致的共和国。在这个群体中，每一只蚂蚁的功能就是设法“说服”其他蚂蚁。例如，当一只蚂蚁找到一个食物源时，它就建议“迁都”并劝其他蚂蚁一起行动。

8.2.3 种间关系

在自然界，任何一个种群都不能孤立存在，而是与其他物种的种群形成群落，共同完成生态系统的物质循环和能量转化。同一区域的不同物种之间由于食物、空间、资源的联系，形成了错综复杂的种间关系。有的种间关系对物种的生存起到促进作用，如互利共生、偏利共生、原始协作。而有的种间关系对其中一种物种的生存不利，如竞争、捕食、偏害、寄生。

(1) 互利共生

互利共生是一种聪明的动物行为，两种生物生活在一起，相互依赖，相得益彰。共生的结果是每个种群都得到更好的发展。自然界中互利共生的现象很常见，如开花植物依赖昆虫传粉，高等植物和真菌共生形成菌根，动物和消化道细菌的互利共生等。

在中美洲雨林中，切叶蚁是一种随处可见的蚁类，它们每天都排成漫长而蜿蜒的绿色小方队，形成一道独特的风景。它们在干什么？原来这些切叶蚁正在往自己的巢穴搬运食物，每个绿色的小方块就是比它们的身体大好几倍的树叶碎片。令人惊讶的是，它们千里迢迢搬运的食物并不是自己吃的，因为它们无法消化纤维素，它们千辛万苦把食物搬回巢穴，是为了喂养担子菌，而切叶蚁则通过吃掉担子菌维持自身生存。这是一种有趣的种间关系，这种担子菌只有在切叶蚁的巢穴中才能存活，而切叶蚁也只以这种担子菌为食。因此为了自身生存，切叶蚁必须贡献所有的力量来养活担子菌（图 8－3、图 8－4）。

图 8－3 切叶蚁正在搬运食物

海洋动物间也存在互利共生。如双锯鱼经常和大海葵生活在一起。一般情况下，海洋动物只要碰到大海葵，就会被大海葵花瓣状触手上的刺细胞中有毒的刺丝麻醉甚至杀死。但是双锯鱼却很例外，它们不仅能在大海葵周围活动，而且能肆无忌惮地穿梭于大海葵的触手间。体色鲜艳夺目的双锯鱼，会招来许多许多凶猛肉食动物的捕杀，双锯鱼躲到大海葵的触手间便能躲避敌害捕食，而接近大海葵触手的凶猛鱼类却被大海葵触手刺细胞射出的刺丝麻醉致死，成为大海葵的美餐。另外，由于双锯鱼在大海葵周围活动，加强了大海葵周围水的流动，使大

图 8-4 切叶蚁培养的真菌

海葵获得足够的氧气。如果离开了大海葵，双锯鱼就会被捕食者吃掉。大海葵保护了双锯鱼，而双锯鱼为大海葵招来食物并提供了充足的氧气供应，这对互利共生的伙伴，不愧为大自然匠心独运的安排（图 8-5）。

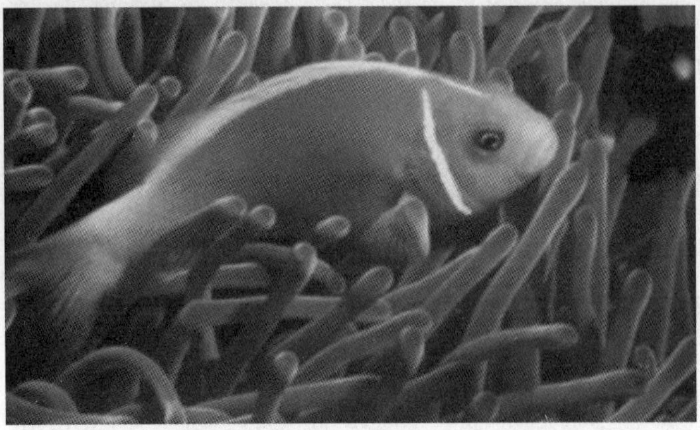

图 8-5 双锯鱼和大海葵的互利共生

（2）偏利共生

当我们联想到寄生生物时，可能会不寒而栗，然而偏利共生的生物却正在我们的头发囊体中或皮肤上蠕动。螨虫就是其中一种，它们以我们皮肤中的油脂为生，不会对我们造成任何损害或不适。

偏利共生指两种生物的共同生活对一方有利，对另一方没有影响的现象。在自然界偏利共生也较为常见。例如藤本植物附生于乔木的树枝上，获得充足的阳光；鸟类在树上筑巢作为繁殖场所等。

（3）竞　争

两个或两个以上的物种为了争夺有限的共有资源，就会发生种间竞争，引起竞争的因素可能是空间、食物、水分、光照、营养物质等。竞争的结果可能是两个种群形成一种协调的平衡状态；或者一个种群被赶到其他地方，从而使生态系统的结构发生变化；或者一个种群被另一个种群取代。

种间竞争可能会导致一种物种的灭绝。冰草曾是美国的土著植物，当欧洲的雀麦引入后，由于雀麦的根系比较发达，即使在冬季它们也能疯狂生长，到第二年旱季来临时，土壤中水分和营养匮乏，冰草没有竞争优势，相继死亡，而雀麦的数量逐年增加，最终冰草被排挤掉。

（4）捕　食

在非洲的草原上，生活着斑马、羚羊和狮子。每天清晨，羚羊和斑马睁开眼睛后想到的第一件事就是：我必须比狮子跑得快，否则我可能被吃掉。狮子也在想，我必须追得上跑得最慢的羚羊和斑马，否则我就会被饿死。多么奇妙的事情，强如狮子之强，弱如羚羊之弱，差别不可谓不大，然而在物竞天择的广阔天地里，两者面临的求生压力是同等的。这个故事给我们这样一个思考：我们应该同情谁？到底谁应该活下去？正确的答案是：弱肉强食，强者生存！自然界不同情弱者，为了更好地生存，我们永远要比别人跑得快（图8-6）！

图8-6　狮子捕食

在肉食动物中，弱肉强食的画面每天都在上映。捕食者为了获取食物，形成了各种各样的捕食策略，如猫头鹰用诱饵捕食鸟类，蝙蝠用回声定位系统捕食蛾类，狼群以集体围猎的方式捕食猎物。猎物为了逃避捕食者的追杀形成了五花八门的自卫，如眼镜蛇通过向捕食者的眼睛喷射毒液从而击退进攻者；章鱼通过喷射墨汁和强大的变色能力躲避捕食者的追杀；甚至有些动物为了躲避天敌，只在夜间出来活动。

对动物来说，逃跑、隐藏都不失为一种有效的生存策略。然而植物呢？坐以待毙吗？但实际上，植物也有丰富多彩的防御手段。欧洲夹竹桃中含有强心苷，能引起动物呕吐或心脏病发作；因此大多数动物都会避开这种植物。生活在东非草原的金合欢为了对付草食动物，树枝上生有许多尖刺，就像铁丝网一样保护着自己，普通的食草动物对它无可奈何，然而长颈鹿却自有对策，它利用特殊的卷舌轻易地穿过尖刺，多毛的双唇和下颚帮助它吞咽荆棘，厚厚的皮肤也可以保护身体不受伤害，可谓一物降一物。

(5) 寄　生

寄生是指一个物种寄生于另一个物种的体内或体表，从寄主的体液、组织中获取营养物质以维持自身生活的现象，许多疾病都是由于寄生生物感染引起的。有的寄生生物只有寄生在活体中才能生存繁殖，寄主的死亡往往会导致寄生生物的死亡，如跳蚤、肠道蠕虫等。有的寄生生物在寄主死亡后仍能维持生存，如丽蝇把卵产在活体羊身上，幼虫孵化出来后会进入羊的体内获取营养，当羊体内寄生的幼虫过多时，羊便会被杀死，这时，丽蝇的幼虫还可以继续利用羊的尸体维持生存。

8.3 群落与环境

在自然界中，任何种群都不能单独存在，它必然和周围的种群发生千丝万缕的联系。在特定的时间，生存在一定区域或自然生境里的所有生物种群就构成了生物群落。

8.3.1 群　落

生物群落是生态系统中所有物种个体的有机组合，它具有一定的种类组成、营养结构和代谢格局，它是生态系统中有生命的部分，指具有直接或间接关系的多种生物种群的有规律的组合，具有复杂的种间关系。我们把在一定生活环境中的所有生物种群的总和叫作生物群落，简称群落。

生物种群的集合就是生物群落，但是群落与种群是两个不同的概念。种群是物种的存在形式，是遗传因子交换和以相同生活方式为基础的同种个体的集合。而群落则是多种生物种群的集合，是一个没有严格界限的集合。群落中生物的有规律的共处，并不是说任意物种的组合都能形成一个群落，一个群落必须经过生物对环境的适应和生物种群之间的相互适应、相互竞争，才能形成具有一定外貌、种类组成的集合体。

例如，一座森林中的一切植物为其中栖息的动物提供住处和食物，一些动物还可以其他动物为食，而土壤中生存的大量微生物靠分解落叶残骸为生。这一切组成一个整体，称为生物群落。它的生物学定义为在一定的空间内，生活在一起的所有动物、植物、微生物的集合。

生物群落是由不同的植物、动物和微生物组成，不同的物种组成构成了不同的群落。群落中不同生物的生长发育规律不同，从而导致了群落的外部形态特征不同，这里我们主要研究群落的垂直结构、水平格局、时间格局和群落的交错区及边缘效应。

（1）群落的垂直结构

群落的垂直结构，主要指群落分层现象。分层现象在森林群落中表现最明显。植物群落的成层性保证了植物对单位空间资源的高效利用。如在稳定的森林群落中，分布在上层的乔木可以充分利用阳光，往下光照强度逐渐减弱，能利用弱光的灌木层和草本层依次占据乔木树冠的下层，而喜阴的苔藓层则分布在最下层地面上。森林群落的地下分层和地上分层一般是对应的，即乔木的根系分布到土壤深层，灌木的根系较浅，草本植物的根系大都分布在土壤表层。

动物群落也存在着分层现象，动物的分层主要取决于食物和气候条件。在北方一些森林中，树冠层栖息着柳莺、交嘴雀等；在森林中层栖息着啄木鸟、松鼠等；在森林下层栖息着苇莺、花鼠等；在地表则栖息着两栖类、爬行类、兽类等。水生生物由于对阳光温度、食物和含氧量的需求不同，也存在一定的分层。

例如在池塘生物群落中，荷花、芦苇等将茎叶高高地挺出水面，以获得充足的阳光照射；睡莲、浮萍、满江红等漂浮于水面；金鱼藻则生长在水底，它们能利用微弱的光照。

（2）群落的水平格局

在森林中，由于一些草本植物对光的需求不同，林下明亮的地方是喜光性植物的组合，而林下阴暗的地方则是其他喜阴性植物的组合。像这样不同种群的相互镶嵌就构成了种群的水平格局。一个典型的例子就是内蒙古锦鸡儿灌丛化草原上形成的镶嵌群落。在这些群落中形成了1～5米的锦鸡儿丛，呈圆形或半圆形的丘阜。这些锦鸡儿小群落内部能聚集细土、雪和枯枝落叶，因而具有良好的水分和养分，形成了一个局部优越的小环境。群落镶嵌的形成主要是因为群落内部环境因子的不均匀性，例如田鼠的活动导致鼠穴附近形成不同于周围植被的斑块；土壤贫瘠区域的植物生长迟缓；人类践踏过的草坪植株矮小等。受到环境因素的制约，大范围的水平分布也很常见，如受到水的制约，芦苇只能生长在浅水或水边，柳树需生长在水源附近，而松柏等能生长在干旱的陆地，仙人掌则能在干旱的沙漠依然生机勃勃。

（3）群落的时间格局

很多环境因素明显受到时间节律（昼夜更替、季节变换）的影响，因此同一区域的群落结构也表现出一定的差异，这就是群落的时间结构。在同一地区，白天我们能看到各种鸟类、蝴蝶和蜜蜂等，到了晚上我们却只能看到一些蛾类、蝙蝠等夜行性动物，这是因为各种动物对光的适应性不同。在东非草原上，酷热干旱的夏季使得很多肉食动物不得不背井离乡寻找充足的水分和食物，只有为数不多的猎豹和其他小型动物在苍凉孤凄的热带草原上形成一道灵动的风景，当雨季来临时，斑马、角马等动物返回故乡，草原就会恢复往日的生机。

（4）群落的交错区及边缘效应

两个不同群落交界的地方就称为群落交错区。由于群落交错区环境条件复杂、生物种类丰富多彩，这里的群落结构往往也比较复杂。在群落交错区生物种类的增加和某些种群密度的增大就形成了边缘效应。例如，在森林群落和草原群落的交界处，不仅能容纳只适应森林条件的物种或只适应草原条件的物种，还能容纳那些既需要森林条件又需要草原条件的物种。由于群落交错区环境的复杂性和生物的多样性，使得物种之间的竞争尤为激烈，生物个体觅食和躲避灾害的能力都有所提高，边缘效应的结果是生物对外界环境具有更强的适应能力。

8.3.2 群落动态

群落动态泛指植物群落的一切变化过程。一切生命存在过程，都在不断地与其生存环境进行能量与物质交换，当这一过程终止时，生物过程即将终结。就此意义，作为多种生命共同生存在一起的生物群落，变化将是绝对的。有关学者认为群落变化，包含生物群落中所有生物的代谢、生理过程、昼夜变化、年周期变化、群落的发生、群落的演替等内容。但作为真正意义上的群落动态，至少应包括两方面的内容：①群落的内部动态（包括季节变化与年变化）；②群落的演替。

（1）群落的内部动态

生物群落的季节变化受环境条件（特别是气候）周期性变化的制约，并与生物种的生活周期相关联。群落的季节动态是群落本身内部的变化，并不影响整个群落的性质，有人称此为群落的内部动态。在中纬度及高纬度地区，气候四季分明，群落的季节变化也最明显。我国北方草原生物量的季节变化就是一个例子，如羊草草原5月初植物萌动返青，7月开花结实，8月中旬地上生物量达到高峰值，9月下旬植物地上部分枯黄并停止生长。

生物群落的年变化体现在不同年度之间，生物群落常有明显的变动。这种变动也限于群落内部的变化，不产生群落的更替现象，一般称为波动。群落的波动多数是由群落所在地区气候条件的不规律变动引起的，其特点是群落区系成分的相对稳定性、群落数量特征变化的不定性以及变化的可逆性。在波动中，群落在生产量、各成分的数量比例、优势种的重要值以及物质和能量的平衡方面，也会发生相应的变化。

（2）群落的演替

演替指在一定地段上，一个生物群落被另一个生物群落所取代的过程，是朝着一个方向连续的变化过程。生物群落常常随环境因素或时间的变迁而发生变化。植物群落的变化，首先是组成群落的各种植物都有其生长发育、传播和死亡的过程。同时外界环境条件的变化也时刻影响着群落的更替，如由于地震、山崩、火山爆发等原因使原始群落遭到破坏后，最先出现的是杂草群落，继而被灌木群落所代替，然后又被乔木丛所替代，直到最后形成森林群落。像这样一个群落被另一个群落逐渐取代的过程，我们称为群落的演替。群落的演替是一个漫长的过程。按照演替的起始条件，群落的演替可分为原生演替和次生演替。

1）原生演替：即在一个完全没有植被覆盖也没有任何植物繁殖体存在的裸露地段上发生的群落的演替，如发生在裸岩上的演替和发生在沙丘上的演替。

在裸露的岩石上，地衣是最早在这里定居的植物，地衣分泌的有机酸加速了岩石风化形成土壤的进程。在地衣开拓的土地上，苔藓逐渐生长；苔藓比地衣长得高，在与地衣争夺阳光的竞争中处于优势，于是苔藓逐渐取代了地衣。苔藓的生长使岩石进一步分解，土壤层增厚，有机物增多，土壤微生物的种类越来越丰富。在土壤水分充足时，草本植物的种子就能顺利萌发生长，竞争的结果是较高的草本植物逐渐占据优势，这时昆虫和其他小动物开始进入这个地区，在动植物共同作用下，土壤中的有机物越来越丰富。此后，灌木和小树开始生长。灌木比草本植物更为高大，剥夺了草本植物的阳光，草本植物逐渐被灌木取代，灌木能起到遮阴、避风的作用，同时还能提供更为丰富的食物，于是成了许多鸟类的栖息地。物种的多样性使群落结构复杂化，群落结构更加稳定，抵御外界干扰的能力增强。灌木阶段使土壤中的水分和营养更充足，各种乔木的种子萌发出来。乔木具有更强的获得阳光的能力，因而最终占据了优势，形成了茂密的森林。乔木的形成进一步改善了生物生存的环境，物种更加丰富，生物与环境之间的关系更加错综复杂。群落演替的结果形成了稳定的森林。鸟类种类和数量的变化也贯穿在整个演替过程中（图8-7）。

沙丘是湖水退却后，风不断搬运沉积的沙而形成的。当携带沙的风遇到障碍物而受到阻碍时，沙就会在障碍物附近聚集。在美国密执安湖沙丘上，一些杀生草、沙柳、毛牧豆树等先锋植物和虎甲、蝗虫等无脊椎动物最早在沙丘上出现，随着沙丘暴露时间的增长，这些先锋群落逐渐被桧柏松林、黑栎林、栎山核桃林

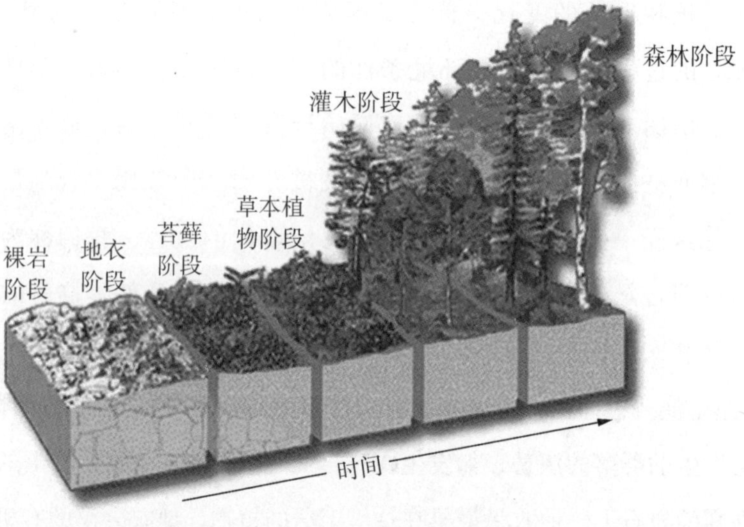

图 8－7　发生在裸岩上的演替过程

所取代，最后发展为稳定的山毛榉－椒树林群落。群落的演替从极端干旱的沙丘上开始，最后形成湿润寒冷的群落，土壤的腐殖质层加厚，蜗牛和蚯蚓随之出现。在这个发展过程中，没有哪一种植物或动物能在演替开始到结束始终存在于群落中，整个演替过程进行得十分缓慢，常需经历上千年的时间。

2）次生演替：即原来的植物群落由于洪水、火灾、火山爆发、龙卷风以及人类活动等原因被破坏后重新形成新的植物群落的过程，如在废弃农田上发生的群落的演替。在我国东北的科尔沁草原上，农田被废弃后，土壤中还残留着农作物及农田杂草的种子，弃耕后一两年内，一年生杂草狗尾草、猪毛菜、苦荬菜等迅速生长并占据优势，在杂草的作用下，土壤条件得到改善；两三年后，一些多年生杂草如黄蒿就会接踵而至，植被的增多使土壤中有机物质积累，水分也更加充足，这将促进植物的生长；三四年后，羊草、野古草、狼尾草等根茎禾草入侵，并逐渐占优势；七八年后，恢复到贝加尔针茅群落。这一过程需要 10～15 年。

8.4　生态系统

所有生物，不论是细菌、百灵鸟、银杏树还是人类，都被一系列的生态过程串联起来。绿色植物利用微生物活动分解出的简单无机物，动物直接或间接依赖植物光合作用提供的能量，人类又以植物或动物为食，各种动植物的残体则是微生物的营养来源，微生物的分解作用又能释放出植物生长所需要的营养物质。如此周而复始，经过长期的自然演化，每个区域的生物与环境之间、生物与生物之间，就形成了一个结构相对稳定、功能多样化的自然整体，这就是我们常说的生态系统。

地球是由大大小小的各种各样的生态系统构成的。一个巨大的生态系统，如尼罗河及其支流构成的生态系统，覆盖了非洲大陆面积的1/9，被视为埃及的生命线。从小的来说，一个池塘也可以构成生态系统，池塘中的水草、青蛙、鱼类以及各种微生物和它们所处的无机环境形成了一个和谐的团体。有些生态系统和跳蚤的内脏一样小，那里居住着跳蚤病原体和构成跳蚤消化内脏菌群的细菌，它们依靠跳蚤的消化液生存。

生态系统是在一定时间、空间范围内，生物与生存环境、生物与生物之间密切联系，相互作用，通过能量流动、物质循环、信息传递构成的具有一定结构的功能整体。

8.4.1 生态系统的组成

地球上的生物千变万化、多姿多彩，但彼此之间配搭得十分巧妙。绿色植物的光合作用把太阳能转变为植物体内的化学能，直接或间接地为所有动物提供了食物；而动植物的残体经过微生物的作用又能为植物生长提供原料。各种各样的生物在生态系统中扮演着重要角色，根据生物在生态系统中发挥的作用和地位可分为生产者、消费者、分解者三大类。非生物环境也是生态系统不可缺少的成分之一。生产者、消费者、分解者和非生物环境在物质循环和能量流动中相互作用、相互影响、相互依存，形成了一个有机整体。

(1) 生产者

假如没有植物，世界将会怎样？这是一个令人不寒而栗的问题，我们的衣食住行，样样都离不开植物，没有了植物光合作用固定的能量，人类和动物都将饥饿而死。植物是默默无闻的生产者，它们通过光合作用把动物不能直接利用的太阳能固定为化学能；把二氧化碳和水转变为碳水化合物。这些伟大的生产者固定的能量，不仅供给了自身的生长发育，也为消费者和分解者提供了食物和能量来源。除了绿色植物外，一些蓝细菌和少数化能细菌也在扮演着生产者的角色。

（2）消费者

消费者是那些不能利用无机物制造有机物的生物，它们直接或间接地依赖于生产者所制造的有机物质，从中得到能量。直接以植物为食的动物叫植食动物，又叫一级消费者，如蝗虫、兔、马等；以植食动物为食的动物叫肉食动物，也叫二级消费者，如食野兔的狐和猎捕羚羊的猎豹等；还有三级消费者、四级消费者，直到顶位肉食动物。消费者虽然不是有机物的最初生产者，但它们不仅对初级生产物起着加工、再生产的作用，而且对其他生物的生存、繁衍起着积极作用。所以消费者在生态系统的物质和能量转化过程中，是一个重要的因素。

（3）分解者

分解者又称“还原者”，它们能把动植物残体中复杂的有机物分解成简单的有机物，释放到环境中供生产者再次利用。分解者包括细菌、真菌和放线菌等具有分解能力的微生物，也包括原生生物和腐食性动物；无论是广阔的田野、富饶的都市，还是人迹罕至的高山之巅、深邃的海洋，都存在着它们的踪迹。这些微生物个个小得惊人，就以细菌家族的杆菌来说，70 个杆菌“肩并肩”排成一行只有一根头发丝那么宽；相当于地球总人口（约 70 亿）那么多的细菌加在一起，才只有一粒芝麻的重量。难怪我们用肉眼看不到。当然，食用的蘑菇、药用的灵芝这些分解者是看得见的。

别看这些分解者个儿小，但它们的胃口却很大，如果把一个细菌在一个小时内分解的有机物换算成一个人吃的粮食，这个人得夜以继日地吃 500 年。它们不仅食量大，而且无所不吃，动植物的残体、粪便，它们都贪吃不厌。分解者的分解作用保证了生态系统的物质循环和能量流动。当一个有机体死亡后，不管是大象还是银杏叶，它们的尸体都是一个激烈的竞争场所，这些分解者从它们身上争夺营养物质，当分解者死亡以后，它们分解的无机物又会释放出来，从而为植物光合作用提供所需的营养物质。假如没有这些分解者，地球表面动植物的尸体将堆积如山。这一个个无名英雄，默默维持着大自然的物质循环。

（4）非生物环境

非生物环境主要包括气候因子如光照、温度及其他物理因素，无机物质如碳、氮、水、二氧化碳及矿物质元素，有机物质如蛋白质、碳水化合物、脂类等。非生物环境为各种生物有机体提供了必要的生存条件。

生态系统类型众多，一般可分为自然生态系统和人工生态系统。自然生态系统还可进一步分为水域生态系统和陆地生态系统。人工生态系统则可以分为农田、城市等生态系统。

（5）生态系统的信息传递

生态系统的功能除了体现在物质循环和能量流动外，还表现在各生命成分之间存在着信息传递。我们人类自然不必说，各种通信手段应有尽有——手机、传真、MSN，即使在万里之外，我们也能找到对方。可是这对动物来说就有些困难了，它们不会说话，甚至有的是瞎子、聋子，那怎么办？这些小动物真的是自然界的精英，在长期进化的过程中它们形成了五花八门的通信手段。

在通信过程中，个体之间通过信号传递信息。信号可分为两类：分立信号和分级信号。分立信号也称质量信号，这类信号只分有与无、是与否两种对立状态，没有中间过渡状态，萤火虫的发光与否就属于这一类信号。分级信号也称数量信号，这类信号往往可以根据不同强度、不同频率传递定量的信息。一般来说，信号是天生的。一种动物的信号只能被同种个体所接受，亲缘越近，接收到信号的可能性就越大。行为学家们发现，每种动物大约有 50 种信号行为，但这些行为实际包含的信息数量可能会更多。一些无脊椎动物和大部分脊椎动物能够通过一些方法增加信号所传递的信息数量，例如，信号能够分级，或与其他信号结合，或与其他信号组合按不同次序出现，都能代表不同的含义。

1）猫和狗的语言。猫和狗都有自己的秘密语言，它们利用身体动作和叫声的变化来表达它们的喜怒哀乐。你一定不会想到，狗的叫声多达 170 种，各种叫声都表达了不同的意思。当它只叫一声“汪”就意味着“开门，我想出去散步”，或是“我饿了，要吃东西”；短促而又连续的“汪、江”则表示“快来和我玩吧”。对于狗来说，肢体语言远比叫声表达的意思多。当一只狗摇晃尾巴，或只用后腿着地时，就意味着“我现在非常开心”；当它在你面前打滚，表示

"主人，我一切都会听你的"。

相对于狗的170种叫声，猫的叫声就略显单调。一声"喵"表示"你好，我来了"；两声"喵"表示"开门，我要出去"，或是"我要吃东西"。和狗相比，猫的肢体语言是丰富多彩的，当它两脚变换时，意味着"我现在非常开心"；当它用尾巴蹭你时，则表示"快点吧，我已经等得不耐烦了"；当它用头部轻蹭你的裤脚时，就表示"我很信任你，快来和我玩吧"。有时猫会通过鼻子、耳朵、前额、面颊等不同部位肌肉的动作表达它的意思。此外，猫的瞳孔的放大与收缩也代表不同的含义。例如，当猫心情忧郁时，瞳孔就会缩小，两耳下垂呈水平线。

因为情感表达方式和生活习性的巨大差异，使猫和狗成了不折不扣的冤家。猫善意的举动往往会被狗误解为恶意相向，例如当一只猫咪对你竖起尾巴，说明它在向你示好；而当一只狗竖起尾巴，则说明它对你充满了敌意，你可得离远点。

2）蜜蜂的舞蹈。蜜蜂的舞蹈绝不是为了吸引你的注意那么简单。事实上，任何一种蜂舞都传递着某种食物信息。侦察蜂回到蜂巢后通过舞蹈向同伴传递四种信息：食物的类型、食物的数量和质量、食物的距离、食物的方位。食物的类型依靠黏附在身体上的气味和反吐出来的花蜜以及花粉来传递。食物的数量和质量通过舞蹈持续的时间和舞蹈者的兴奋程度来传递。食物的距离则由舞蹈类型和跳八字舞时走中间直线的长度决定。若食物离蜂箱很近，则跳圆圈舞；随着两者距离的增加，镰刀舞取代圆圈舞，而八字舞又逐渐取代镰刀舞。食物的方位则是通过跳八字舞时中间直线的方向来指示。如果舞蹈者在蜂箱的基础表面垂直向上走中间直线，表示蜂箱、食物和太阳在一条直线上，且食物位于蜂箱和太阳之间；如果舞蹈者垂直向下走中间直线，表示蜂箱、食物和太阳仍在一条直线上，但食物和太阳位于蜂箱两侧；如果舞蹈者走中间直线的方向向右偏离了垂直线 x 角度，这表明食物地点在蜂箱和太阳连线偏右 x 角度的方向；如果舞蹈者走中间直线时向左偏离了垂直线 x 角度，这表明食物地点在蜂箱和太阳连线偏左 x 角度的方向。

利用蜜蜂的舞蹈通信，在苹果园放置一个电子仪器，产生与蜜蜂的圆圈舞或八字舞相同的频率或声音。蜜蜂感受到电子仪器发出的信息后，就会受到诱惑，飞到苹果园去采蜜。这就有助于苹果更好地传粉，达到提高产量的目的。

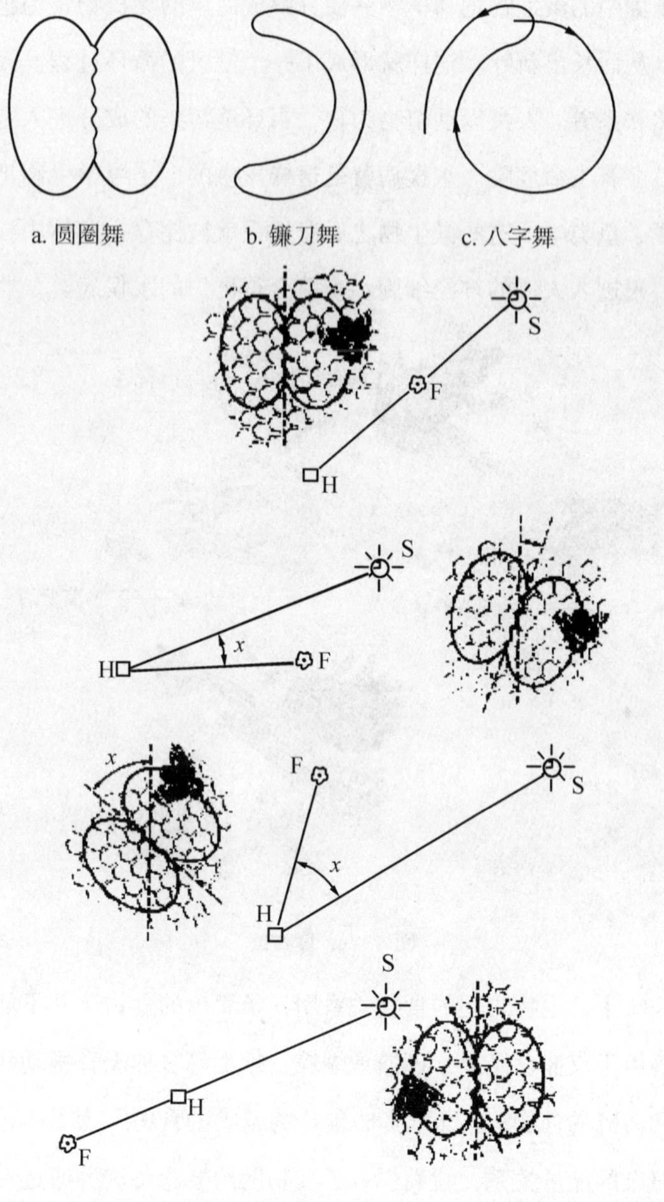

图 8－8　蜜蜂的舞蹈类型及跳八字舞时走中间直线的方向与食物（F）、蜂箱（H）、太阳（S）三者相对位置的关系

8.4.2　食物链和食物网

食物链与人类的生存息息相关，而且使我们受益匪浅。植物长出的叶和果实为昆虫提供食物，昆虫又成了鸟的食物，有了鸟，然后才出现了蛇和鹰，鼠类才不会成灾。土壤中的微生物把动植物粪便分解成简单的无机物，为植物的光合作用提供养分，从而长出新叶。这样就形成了一个健康的循环过程。人类也通过食物链与大自然联系着。人类以动植物为食，当环境污染的成分进入到动植物的体内，人吃了就会有生命危险。水俣病就是这样发生的，土壤微生物把自然界的汞转变成有机汞，鱼类吃了这些微生物之后有机汞就被储存在身体中，当人类不慎吃到这些鱼，汞进入人体的神经细胞，人就会得可怕的水俣病。

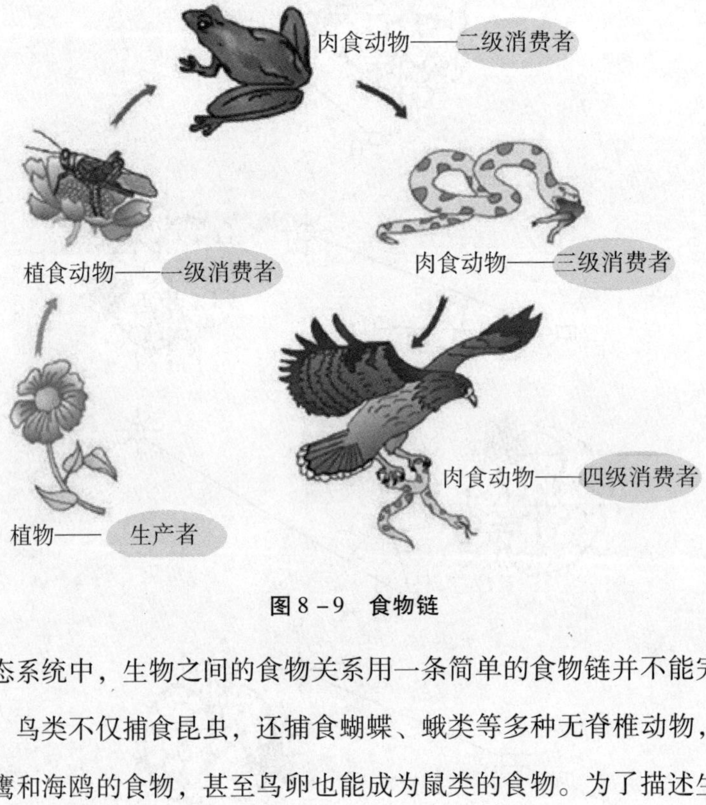

图8－9　食物链

在生态系统中，生物之间的食物关系用一条简单的食物链并不能完全表达出来。例如，鸟类不仅捕食昆虫，还捕食蝴蝶、蛾类等多种无脊椎动物，同时鸟类又是猫头鹰和海鸥的食物，甚至鸟卵也能成为鼠类的食物。为了描述生物成分之间这种错综复杂的能量关系，我们引入了食物网的概念。这种通过食物链相互交织而形成的网就称为食物网，如图8－10。

在生态系统中，物质的循环、能量的流动都是通过食物链或食物网进行的。食物链上的各种生物相互影响，相互制约，环环相扣。如果某一环节发生故障，生态系统就可能发生紊乱，甚至崩溃。第二次世界大战后，南非探险队登上南极的马里恩岛，同时被带上岛的还有几只老鼠。因为老鼠没有天敌，两年后，岛上鼠害成灾。为了消灭老鼠，探险队员运来四只家猫，结果老鼠的数量得到了控

图 8－10 食物网

制，而猫大量繁殖，严重破坏了岛上的生态平衡，6 万只猫每天能吃掉 60 多万只鸟。为了挽救鸟类，南非当局用直升机向猫扫射，并派出了上百名士兵去捕杀猫。可见，食物链的稳定性对维护生态平衡起着至关重要的作用。

所以，为了子孙后代的健康，我们必须保护好生态系统。

8.4.3 营养级和生态金字塔

为了便于了解生态系统中物质循环和能量流动的动态，我们把食物链某一环节上所有的生物归为同一营养级。任何生物都属于一定的营养级，但一种生物并不总是属于同一个营养级。例如，茅膏菜既能进行光合作用又能通过腺毛捕食昆虫；又如黑猩猩等杂食动物，既吃动物又吃植物，处于不同的营养级。

在生态系统中，能量总是从生产者流向消费者最后到达分解者，即从前一个营养级流向后一个营养级。但是能量在传递过程中总是逐级递减的。这是因为：动物维持自身生长繁殖的过程中，总有一些能量随着新陈代谢被消耗；各个营养级消费者的同化效率不可能达到 100%；有些生产者或消费者在能量流动过程中会自然死亡，它们的能量直接流向了分解者，这就导致后一营养级的消费者不能100%地利用前一营养级的能量。所以，每一个营养级传递到下一营养级的能量大约只有原来的10%。

如果我们把各个营养级有机体的个体数量、生物量或能量，按营养级位顺序排列并绘制成图，就成为一个底部宽、上部窄的金字塔，称为生态金字塔。生态金字塔直观地揭示了生态系统中生物种类、数量的多少及其比例关系。生态金字塔可分为三类：数量金字塔、生物量金字塔和能量金字塔。

数量金字塔是由各营养级生物个体的数量构成的。数量金字塔越高，表明这一食物链所包括的营养级数目越多。数量金字塔每个营养级包括的生物个体数目沿着食物链向上递减。金字塔底部生产者的个体数量往往最多，大于植食动物的数量，植食动物的数量又大于肉食动物的数量，而顶位肉食动物的数量通常是最少的。数量金字塔说明每一营养级所包含的生物个体数量的相对多少。

然而在同一营养级以及不同营养级中，生物个体体积的大小因种类不同而差异悬殊，生物数量金字塔的塔形有时会颠倒。为了弥补这个问题，我们可以使用生物量金字塔。生物量金字塔就是以生物量来表示每一营养级中生物的总量。一般来说，生产者的生物量要大于它们所支持的植食动物的生物量，植食动物的生物量要大于肉食动物的生物量。在陆地生态系统和浅水水域生态系统中，生物量金字塔最为典型。

能量金字塔又称为生产力金字塔，表示生物间的能量关系，把生物量换成能量单位，计算营养级之间的比值，来反映能量传递、转化的有效程度。能量金字塔中，每一等级的宽度代表一定时期内通过该营养级的能量值。从一个简单的能量金字塔中我们可以得知，代表各营养级生物体个数的层面呈现出不连贯的阶梯状，而不是平滑的斜面，这就说明从一个营养级到另一个营养级，不仅捕食者和被捕食者个体数目在不断减少，生物的体型大小也呈现出减小趋势。因为捕食者要有足够大的体型，才能轻松制伏猎物，否则它们不仅捕不到猎物，还有可能筋疲力尽，失去防御能力。但是并不是说捕食者只能捕杀弱小动物，狮子捕杀角马的场面在草原上也时有发生。

8.4.4 生物量和物种扩散

(1) 生物量

生物量是指一条食物链可支持的生物总质量，某一动物或植物物种的活个体的总量或重量，称为物种生物量，而群落中所有物种活个体的总量或重量，称为群落生物量。

生物量通常以生境的单位面积或单位体积来表示，常以每单位的干质量计算，是指某一时刻单位面积内实存生活的有机物质（干重）（包括生物体内所存食物的重量）总量，通常用千克/米^2 或吨/公顷表示。植物群落中各种群的植物量很难测定，特别是地下器官的挖掘和分离工作非常艰巨。出于经济利用和科研目的的需要常对林木和牧草的地上部分生物量进行调查统计，据此可以判断样地内各种群生物量在总生物量中所占的比例。

(2) 物种扩散

生物个体或其传布体（如孢子、种子）向其他地域传布的过程称为扩散，又称散布。生物体任何一个部分，在其离开母体后仍能保持活力并在适宜条件下形成新的个体时就成为扩散体。就植物而言，由于其细胞和器官具有全能性，因此从理论上讲，植物的任何部分都有可能成为扩散体。动物的虫卵、幼虫、蛹和成虫等均可以作为扩散体。

各种生物都能通过不同的扩散方式扩大栖居范围和分布区域；扩散还促进生物群落的演替，增加物种的多样性；大范围的扩散结合地理隔离是物种分化的重要条件；新的环境意味着不同的自然选择机制，可改变种群的基因频率，因此扩散是促进生物进化的重要因素。

但是，当入侵物种种群在数量上达到一个阈值就会呈爆炸式扩散，形成灾害。一般而言，外来物种能够暴发成灾，除了其有较强的生命力、适应性、缺少天敌和与原产地有相似的生境等因素外，主要就是因为其扩散体数量多、寿命长，并具有高效的扩散方式。

8.4.5 生态平衡

在生态系统中，物质循环和能量流动时时刻刻都在进行着，在一定的时期内，生物的种类和数量总能维持相对稳定，系统的输入和输出总是保持着一种相对的平衡状态，这种平衡状态就称为生态平衡。例如，在池塘中鱼以浮游动植物为食，鱼死后，水中的微生物把鱼的尸体分解为简单的无机物，这些无机物为浮游植物提供了养料，浮游动物以浮游植物为食，而鱼又能吃浮游动物。这样，浮游植物—浮游动物—鱼—微生物之间就建立了一定的生态平衡。

(1) 生态系统的自我调节

在生态系统中，生物与生物之间、生物与环境之间，不停地进行着物质交换和能量流动；生态系统在不断发展的过程中生物量由少到多、食物链由简单到复杂、群落由一种类型演替为另一种。因此，生态平衡是一种动态平衡，它的各项指标，如生物量、生物种类和数量都不是固定在某个水平，而是在一定的范围来回变化。当系统中某一成分发生改变，引起不平衡，生态系统的自我调节能力又能使其进入到新的平衡状态。

例如，山区中的雪兔和其捕食者猞猁的数量波动就是一种典型的动态平衡。通过计数狩猎所获得的雪兔和猞猁的数量变化，研究者发现两者有着相似的数量波动曲线，但雪兔的数量波动变化总是快于猞猁的波动变化。进一步研究后，研究者得到了这一现象的合理解释：当山区中青草数量增多时，雪兔由于食物充足而大量繁殖，猞猁由于雪兔数量的增多而获得更多的食物，进而引起猞猁数量的增长，但由于繁殖周期等生理特性的差异，雪兔数量的上升总是快于猞猁数量的上升。

同时，当捕食者猞猁数量上升时，雪兔遭到大量捕食导致数量下降，而猞猁因为无法获得足够的食物，种群数量也会随之下降。通过这样一个简单有序的调节，生态系统中生产者和各级消费者相互影响、相互制约，从而确保生态系统不会因为过度消费而崩溃，最大限度保证了生态系统的动态平衡。

通过比较雪兔和猞猁种群数量的变化，可以看出生态平衡对外界的干扰相当灵敏，但并不是说人类不能利用环境、改造环境，在确保不会对生态平衡造成破坏的基础上，人类完全可以合理规划，充分利用生态平衡的这种调节机制。生态系统成分越多样化，物质循环和能量流动的途径越复杂，系统调节能力就越强。依据这一原理，人们创造出了农林系统、生态农业和立体农业等农、林、牧、渔结合的人工复合生态系统。例如，我国珠江三角洲一带的“桑基鱼塘”就是农业生态平衡的一个成功例子。在这一生态系统中，人们用蚕粪喂鱼，塘泥肥桑，而桑又喂蚕，把栽桑、养蚕、养鱼三者结合，形成了桑、蚕、鱼、泥互相依存、互相促进的良性循环，避免了水涝，营造了十分理想的生态环境，同时减少了环境污染，收到了理想的经济效益。

（2）生态平衡的破坏

生态系统对外界的干扰具有一定的弹性，但其自我调节能力也是有限的，当外界干扰超过这个限度时，生态平衡就会遭到破坏，甚至导致生态危机。1935年，为了控制澳大利亚的甘蔗甲虫，人们第一次从南美洲将海蟾蜍带到澳大利亚，放养到昆士兰岛。但是这些蟾蜍既不能控制甲虫数量，也不能老老实实待在甘蔗田地里。它们在各种各样的栖息地兴旺繁殖起来，甚至在城市也不例外，它们像野火般蔓延起来。这些蟾蜍没有天敌，而且胃口极大，繁殖力惊人，它们很快在资源竞争中战胜了本地两栖动物，使很多物种面临灭亡的危险。人们虽然多次尝试控制海蟾蜍的数量，但仍然无济于事。人们的急功近利破坏了生态平衡，最终破坏了自己的美好家园。

可见，如果人们不遵循自然界的客观规律，必然会使生态平衡遭到威胁，发生严重的连锁反应，甚至酿造各种天灾人祸。例如1998年长江特大洪灾使中国从南到北、从东到西的大部分地区都发生了洪涝灾害，造成的直接经济损失超过2 000亿元人民币，2 150多万公顷农作物受灾，而造成洪灾的原因就是江河上游乱砍滥伐森林。随着人们利用和改造环境的能力日益增加，像原始森林那样的自然生态系统已经寥寥无几，大量的养殖湖、薪炭林等人工生态系统逐渐取代了天然生态系统。研究发现，云杉林被破坏后，在没有任何人为干扰的情况下，需要100年才能恢复；如果云杉树全被砍伐后则需要300年以上才能恢复；如果林地土壤也被破坏，种子库损失，云杉林的恢复基本上是不可能了。

值得注意的是，越是复杂的生态系统，其平衡遭到破坏后就越难恢复，自从人类意识到要保护热带雨林开始，还没能成功恢复过哪怕是最简单的热带雨林生态系统。

（3）影响生态平衡的因素

影响生态平衡的因素有自然和人为两种。火山爆发、泥石流和地震等属于自然因素；过度垦荒、放牧、乱捕滥杀野生动物及大量的“三废”排放均属于人为因素。生态平衡的破坏主要是人为造成的。浩瀚的沙漠吞噬了一个又一个人类文明：尼雅遗址、丹丹乌里克遗址已淹没在漫漫黄沙中；高昌故城、喀拉墩古城早已是满目疮痍；曾经浩瀚的罗布泊如今已是流沙纵横、盐碱泛滥的不毛之地；埃及阿斯旺大坝挡住了肥沃的淤泥，使尼罗河下游土地贫瘠，河里的营养物质减少，渔业生产受到严重威胁；印度北部山区由于森林全部被砍光，1978 年的特大洪水导致 2 000 多人被淹死，4 万头牲畜被冲走；日本的水俣病事件；伦敦烟雾事件……这些无一不是人类无节制地破坏生态系统的后果。

（4）“生物圈Ⅱ号”的教训

1984 年，美国花费 2 亿美元建造了一个完全封闭的生态实验基地，用以模拟生物圈的结构和功能，这个实验室被称为“生物圈Ⅱ号”。整个实验室是用钢架结构的玻璃建筑而成，占地 1.3 万平方米，远远望去仿佛一个巨大的温室。经过充足的前期准备，8 个实验者被送进“生物圈Ⅱ号”，为了探究人类离开地球能否生存，科学家预期让他们与世隔绝两年。这些实验者以自己生产的粮食为食，靠呼吸植物释放的氧气、饮用生态系统自然净化的水生存。然而 18 个月后，“生物圈Ⅱ号”严重失去平衡，氧气浓度从最初的 21% 降到 14%。根本无法维持实验者的生命，即使科学家输入氧气补救仍然无济于事。原有的 25 种小动物，也只剩下 6 种，为植物传播花粉的昆虫全部死亡，植物也无法繁殖，科学家们的假想最终以失败告终。

后来经过科学家们的仔细研究，他们发现导致“生物圈Ⅱ号”生态平衡破坏的根源是细菌，细菌在分解土壤中有机质的过程中，消耗了大量氧气，破坏了氧气的平衡；而细菌活动释放出的二氧化碳经过化学作用又被“生物圈Ⅱ号”的混凝土墙所吸收，再次打破了物质的循环。

“生物圈Ⅱ号”的例子告诉我们，地球是我们珍贵的家园，人类利用高科技也很难创造出像地球这样完美的生态系统，只有生物圈才能提供我们生存必需的条件。因此，我们在追求自身利益的同时，应积极寻找协调人与自然和谐相处的途径，把生命的空间维护得更加美好！

地球为生命提供了适宜生存的空间，生活于其中的任何生物都不可能孤立存在，生物与生物、生物与环境之间不停地进行物质交换和能量流动，它们相互依存、相互作用、相互影响，保持着生态系统的平衡状态。对外界干扰，生态系统有一定的自我调节能力，但如果外界干扰超过了系统的弹性限度，生态平衡就会遭到破坏，导致连锁反应，甚至灾难的发生。所以，在人类自我发展的同时，能否与自然和谐相处，保护生态平衡，考验着人类的良心与智慧。

9 探索之路——生命科学研究的新进展

从20世纪的研究进展上看，生命科学的研究内容、研究对象和研究方法发生了很大的变化，从形态、分类、生理的研究，进入到细胞、细胞器和大分子水平，进而深入到蛋白质、核酸的基本结构原子与分子的组成，了解其本质和控制的机制，认识其相同点与区别，生命科学进入一个新的发展阶段。进入21世纪以来，生命科学和生物技术的发展更是突飞猛进。

9.1 生命研究的新兴领域

20世纪后半叶，生命科学各领域所取得的巨大进展，特别是分子生物学的突破性成就，使生命科学在自然科学中的位置起了革命性的变化。很多科学家预言21世纪是生物学的世纪，虽然目前对这些论断还有不同看法，但毋庸置疑生命科学对自然科学所起的巨大推动作用，将继续蓬勃发展。先进的生物科技不断提高人们对生命的认知，无数生物制品不断提高着人们的生活质量。

目前生命的探索主要集中在干细胞、癌症和基因组学、艾滋病和长寿的研究等方面。随着生活质量的不断提高，人们对寿命的预期在不断增长。而目前人口流动加剧，慢性病越来越多，感染性疾病传播迅速。人们已经认识到，个人的基因易感性与环境影响因素之间的作用是引起复杂慢性病的重要因素。为了应对这些挑战，需要寻找预防、早期发现和治疗这些最普遍的疾病的新方法。

分析两个家庭体系的两种不同的遗传病同时发病的概率，并且推算出他们后代的基因型以及表现型，包括其发病概率。这为遗传病的预测和诊断提供了很好的理论依据，并可以通过基因工程，运用基因疗法从根本上进行治疗。

在各个重点研究方向的大前提下，下列生命科学的课题受到特别的关注，也得到了新的发展。

癌症研究

特定测试过程的开发，该过程可以提供如下信息：患者对某一特定治疗手段如何反应以及治愈的机会是多少（个体治疗的预测过程）；高创新性的肿瘤放射治疗方法的进一步开发，例如重离子治疗。

神经系统疾病研究

隐藏在疾病中的分子过程、细胞过程和系统过程的分析；创新成像技术的开发，比如MRI/PET技术，该技术可以对器官的解剖细节和功能细节同时进行分析，还包括对这些技术进行检验的临床研究。

感染研究

人畜共患病的研究。这类病主要指可以从牲畜传染给人类的病毒性和细菌性疾病，比如SARS。

工业应用方面

分解垃圾、降解土壤中DDT等的基因工程菌的研究构建。

环境对疾病的影响的研究

环境因素（比如纳米颗粒）引起的呼吸道疾病的研究，并开发新的治疗手段；基因材料的化学改变方面的基础研究及其引起的基因控制变化的研究。

多因素疾病的研究

进一步了解疾病的发病机制中所隐藏的复杂分子变化，开发和建立合理的动物模型。

在生命科学领域，还有两项具有战略研究意义的跨方向重点研究，首先是流行病学和预防医学，第二个是转化研究。

大部分人的慢性疾病都是在晚期才能诊断出来，这就意味着在未来的研究中，诊断风险和预防具有非常重要的意义。流行病研究可以把研究成果应用于大多数疾病的防治。通过研究，科学家们希望发现导致疾病的遗传和环境风险因素，从而发现如何进行疾病的早期诊断和治疗。

跨方向研究的第二个重点是转化医学研究，包括所有需要由基础研究和临床科学进行分析的领域，从而保证具有良好前景的研究成果能够尽快地得到临床应用。与制药、生物技术和医疗工程行业的战略性合作也促进了本领域的发展。

人工诱变选育优良的生物品种是转化研究在农业方面的主要应用，如现有的“京花一号”就是花药离体培养技术选育的，穗大粒多、丰产性好、适应性和抗病性强。

在研究方向的多样化、细化和深化的同时，新型技术的出现和发展给了科学研究与实际应用极大的便利。其中纳米技术和克隆技术发挥着无可取代的作用。

纳米技术是新发展的一种能操作细小到0.1～100纳米物件的技术，生物芯片和生物传感器等都归于纳米技术的应用范畴。我们利用纳米生物学从微观的角度来观察深层的生命现象，并对分子进行操控和改性。人类行进在纳米生物学探索之路上的时间并不长，但是已经取得了相当可观的研究成果。

现今纳米生物技术研究领域主要集中在以下几个方向：纳米生物材料、病原体检测、纳米生物器件研究、药物传输和纳米技术在临床诊疗中的应用。纳米生物技术是国际生物技术领域的前沿和热点，在医药卫生领域有着广泛的应用，特别是纳米药物载体、纳米生物传感器和成像技术以及微型智能化医疗器械等，在疾病的诊断、治疗和卫生保健方面发挥重要作用。

纳米材料由于结构的特殊性，表现出许多不同于传统材料的理化性能。在医学领域中，纳米材料已经得到广泛且成功的应用。最引人注目的是作为药物载体，或者制作人体生物医学材料，例如人工肾脏、人工关节等。在纳米铁微粒表面覆盖一层聚合物后，可以固定蛋白质或酶，用以控制生物反应。此外，用纳米陶瓷微粒作载体的病毒诱导物也取得了成功。由于纳米微粒很小，比红细胞还要小很多，所以可以在血液中自由运行，在疾病的诊断和治疗中也发挥着独特的作用。

生物器件拥有像遗传基因分子那样的自我复制的功能。科学家们利用这一特点运用纳米加工技术，按照生物体内分子设计的方式合成、复制各种有用途的生命零件，比方说运算速度更快、具有生物智能的生物计算机，利用生物零件组装而成的具有一些特定功能的纳米生物机器人，将无机材料或晶体材料与生物零件结合制成的具有生命功能的纳米电路等。伴随着合成生物学的兴起，人们对细胞内基因调控网络与信号传导的人工设计与合成逐渐熟悉，进而促进了载体纳米生物技术的发展。

纳米生物学用纳米技术研究细胞内部的各种结构和功能。例如，对于 DNA 的形态观察、特征研究以及基因改造，还有对于人类大脑功能的探索，有助于研究人类记忆、语言、思维和学习等众多高级功能。

医学的发展离不开现代化的医疗设备与器械。以纳米技术为基础的医疗器械，将为纳米医学的发展带来新的曙光。

目前，在纳米器械方面研究较多的是分子电动机。所谓分子电动机就是指分子机械，即在分子水平上的一种复合体，是能够作为机械部件的最小实体。它是通过外部刺激（如采用光化学、电化学等方法改变环境）使分子结构、构型或构象发生较大的改变，并且必须保证这种变化的可控和可调制性，而不是发生无规的改变，从而在理论上使体系具有对外机械做功的可能。当然，还有仿生学方面的研究，这算得上是纳米生物学中最为热门的研究内容了。并且这一研究在这些年来也取得了不小的成果。

科学家一直在研究将微生物的本领应用到纳米机械的设计中。例如大肠杆菌等利用鞭毛驱动，相当于用1%马力（7.35 瓦）使重量为60 千克的物体像人骑摩托车一样飞速前进。

基于此设计制造的鞭毛电动机应该算得上是世界上最小的电动机了吧！这种生物电动机，以螺旋转动来驱使鞭毛旋转，通常是由 10 种以上的蛋白质共同组成。直径 30 纳米的鞭毛电动机转速却可达到 15 转/分，能在 1 微秒内进行左转或右转地相互切换。在外部电场的作用下也可实现速度的改变！

鞭毛电动机转动的动力源是细菌内支持电动机的薄膜内外的氮、氧离子的浓度差。科学家通过实验证明了细菌体内外的电位差也可驱动鞭毛电动机，现在正设计一种能用电位差驾驭的人工鞭毛电动机驱动器。

提到生物方面的高端技术就不得不提克隆技术。我们通常所说的克隆是指经过有意识的设计来产生的与之前的个体完全相同的个体。在生物学上，克隆有时也指克隆一个基因或是克隆一个物种。即从一个个体中利用 PCR 等技术获取一段基因，然后通过特定载体将其插入另外一个个体中，再用于研究或利用。克隆有时候也指成功地鉴定出某种性状表现型的基因。所以当生物学家们声称一些疾病的基因被成功地克隆时，其实是在说这个基因的位置和 DNA 序列已经被成功地测定出，而获得的该基因的拷贝则是在鉴定此基因时获得的副产品。

胚胎干细胞（ES）是具有形成所有成年细胞类型潜力的全能干细胞。科学家们一直在着手研究怎样诱导干细胞定向分化为特定的组织，来替代病患体内受损的组织，例如在糖尿病患者体内植入能够产生胰岛素的细胞。如今，科学家们已经能够通过诱导使猪的 ES 分化为跳动的心肌细胞，使人的胚胎干细胞分化为间充质细胞和神经细胞以及使小鼠 ES 生成内胚层细胞。这些结果都为细胞和组织替代疗法奠定了基础，开辟了医学治疗的新道路。

目前，科学家已成功分离到人的 ES，而体细胞克隆技术则为生产患者自身的 ES 提供了技术支持。将患者的体细胞移植到去核的卵母细胞中形成重组胚，将重组胚体外培养至囊胚期，然后从囊胚内分离出 ES，通过诱导使获得的 ES 定向分化为所需的特定细胞（如神经细胞、血细胞和肌肉细胞），用于替代治疗。这种最终目的是用于干细胞治疗而非获得新的克隆个体的核移植法，科学家们将其称之为“治疗克隆”。可见，克隆技术的发展是日后人类解决各种疾病的强大后盾。

不过，尽管克隆研究取得了相当不错的成果，但克隆实验的成功率还是偏低的。克隆羊多利出生前研究人员们历经了 276 次失败；而 70 只小牛的出生则是在研究人员们历经 9 000 次尝试后才获得的成功，并且 1/3 的小牛在幼年时期就已经死亡；克隆马也是经历了 328 次尝试后才成功出生的。而一些物种例如猫和猩猩，至今仍没有成功克隆的报道。还有狗的克隆实验，也是经过了数百次反复。克隆羊多利出生后的年龄检测表明它在出生的时候就已经上了年纪。它 6 岁的时候就患上了一般羊在老年时才得的关节炎。这样的提前衰老被科学家们解释为端粒的磨损造成的。端粒位于染色体末端，随着细胞分裂，端粒在复制过程中不断磨损变短，这通常被认为是机体衰老的一个原因。然而，研究人员在成功克隆牛后却发现它们实际上比原来更年轻了。分析它们的端粒后表明它们不仅仅是回到了一般牛出生时的长度，甚至比一般出生时候的端粒更长。这一发现意味着它们可以比一般的牛拥有更长的寿命，不过由于过度生长，它们中的很多个体都过早夭折了。但是研究人员们相信，有关端粒的研究最终可以用来改变人类的寿命。

除了能造福人类外，克隆技术也存在弊端，克隆技术导致的基因复制，会威胁到生物基因的多样性，生物的演化将有可能出现一个逆向的颠倒过程，即由复杂走向简单，这对于生物的生存是极为不利的。不仅如此，克隆人存在是对自然生殖的代替和否定，打破了生物演进的自然规律。总的来说，基因工程给我们人类带来了许多益处，但也引发诸多问题和担忧。就好似一把双刃剑，我们的任务就是要趋利避害，将其更好地为人利用。

科学家们在研究过程中不断遇到难题，同时又不断解决着难题，一层层解开生命的神秘面纱，并利用已知的内容不断改进技术与知识来造福人类。通过我们对生命的不断探索、不断研究，也许未来的某一天，困扰我们多时的癌症、艾滋病，以及各种遗传性疾病都会被逐一打败。

9.2　对外星生命的探索

《星球大战》《外星人 ET》《世界大战》等一系列有关外星生命的科幻大片想必你一定是看过的。对那些长相稀奇、能力超群的外星生命也一定是半信半疑。自从 1972 年天文学家对外太空发送无线电波信号而收到一个“WOW”的回声之后，人们越来越相信宇宙中是存在生命的。那么，外星生命到底存不存在？如果真的存在外星生命，那这些外星生命会不会长得像影视中的外星人一样？会不会如人们想象般聪慧过人？又是否爱好和平，会不会攻击我们呢？

各地不断有报道宣称发现外星人或外星飞行器，但至今仍未有确凿的证据。

1972 年，天文学家又实行“奥兹玛Ⅱ计划”对外星进行搜索，结果于 1977 年收到一个“WOW”信号。不过这个信号后来再未出现过。南极洲一块被命名为“ALH84001”的火星陨石，来自 0.16 亿年前的火星，1996 年，科学家报道称在这块陨石中发现了像“纳米化石”的微生物结构。

有关外星生命存在的信息层出不穷，探索外星生命成为近些年来人们热议的话题。

9.2.1 外星探索——我们在行动

首先是无线电信号搜索。1960 年，美国天文学家弗兰克·德雷克利用美国绿岸天文台巨大的射电望远镜，实是无线电天线，尝试在其他恒星周围搜寻智慧生命发出的无线电信号，史称“奥兹玛计划”。德雷克的“奥兹玛计划”没有收到任何来自外星人的信号，但搜寻地外智慧文明的“凤凰计划”却由此铺开，时断时续一直持续至今。美国普林斯顿大学的科学家已经对 15 000 颗星体进行了观测。至今，人类已利用无线电波进行了 50 多年搜索，初步的成果显示，人类已探测到星际百余种有机分子谱线、太阳系外数百颗行星及其大气、系外行星系统、系外类地行星，以及它们的射电信号等。1972 年起，美国相继发射了“先驱者”10 号和“先驱者”11 号探测器，这对孪生探测器各携带有一张地球人类的“名片”。1974 年 11 月，美国利用位于加勒比海波多黎各岛 300 米口径的阿雷西沃射电望远镜向外星球发送了一份用二进制数码编制的电报，传达了地球人类的信息。

其次是探测器发射。1977 年 9 月 5 日和 8 月 20 日，美国发射了“旅行者”1 号和“旅行者”2 号这对孪生探测器，它们携带了一张直径 50.5 厘米的镀金铜质唱片，该唱片被密封在一个铝盒内，可以保存 10 亿年。1985 年美国又开始实施“米塔计划”，用 840 个无线电频道对宇宙天体进行扫描，其规模相当于 1 分钟完成 100 万个“奥兹玛计划”。2004 年，俄罗斯在发射的格洛纳斯（Glonass－M12L）卫星上安装了 6 个带有发给宇宙外文明的文字和图案信息的铝制“信息盘”。2005 年，美国佛罗里达的智力彗星公司通过功率强大的卫星向“兄弟星球”播放信息。2007 年，由微软联合创办人艾伦资助的位于美国加利福尼亚州的哈特克里克的艾伦望远镜阵，拥有 350 个 6 米长的碟形天线，能够扫描超过 100 万个星系中由智慧生物发出的无线电信号，是世界上最大的天文望远镜之一，后因经费问题观测计划搁浅。2015—2020 年，美国还将发射一系列探测器、观测器和轨道望远镜，两台“类地行星发现者”空间望远镜有望升空，将对太阳系周围 50 ~ 100 光年的区域进行搜索，寻找类地球行星，试图发现外星生命。另外，2008 年 12 月末，在我国贵州省内正式开工建设目前世界上最大的 500 米单口径射电望远镜，该望远镜相当于30个足球场大小。不仅中国的天文学家为之振奋，全世界的天文学家也在紧盯着它的进展，并希望这个最大的“天眼”能为人类对太阳系外生命的探测，解开宇宙起源之谜做出贡献。

而现在，天文学家们最趁手的“秘密武器”，是2009年发射升空的开普勒望远镜。自2009年升空以来，开普勒望远镜便一刻不停地监测着大约15万颗恒星，记录它们亮度上的细微变化。如果观察到某颗恒星出现周期性的星光变暗，至少观察到4次之后，便可以确定那里存在一颗我们看不见的行星。我们期待天文学家在外太空探索方面给我们带来更进一步的振奋人心的消息，可以预测，21世纪人类在探索太阳系外生命的进程中将会有新的更大的突破。

9.2.2 怎样找到外星生命——我们在思考

就外星人是否存在一说，弗兰克·德雷克曾提出了一个著名的公式——德雷克方程式。利用这个公式我们可以估算出银河系中究竟有多少个星球居住着类似于我们人类的有智慧的生命体。这个公式是将以下7个要素相乘：银河系每年诞生的恒星的数量，这些恒星拥有行星的概率，之中具备生命诞生条件的行星的数量，生命诞生的概率；生命进化成有智慧的生命体的概率，生命拥有与其他星球进行通信的技术的概率，技术文明能够存在的时间。不过，每个要素到目前为止都还没有具体的数值。代入的数值不同，结果就会有天壤之别。比如我们假设银河系中一共有1 000亿颗行星，它们之中具备生命诞生所需条件的占1/1 000，但这些星球中，实际上只有1/100诞生出了生命。照这么算下来，银河系里大约有100万颗行星可能存在生命。然而，就算这100万颗行星上的生命体都进化为我们人类这样比较高级、完善的生命体，而且还掌握了与其他星球进行通信的技术，但我们和外星人相遇的概率还是很低。不过，虽然我们与外星人相遇的机会不是很大，但是在宇宙的某个角落存在和人类一样拥有智慧的生命体的概率却是相当高的。

美国宇宙学家多尔的计算认为，银河系中适合生物演化的恒星，约有170亿个，而这些恒星系中，可能有6.4亿个，是可供生物居住的行星。根据地球人类进化的速度，推算出6.4亿个行星中，可能在32万个行星上已经有了智慧生物。

有的科学家认为，银河系中，只有地球上存在人类，因为，到目前为止，在太阳系内，还没有发现其他行星上有智慧生命。而在银河系中，类似太阳系中的木星、土星那样几乎主要由氢、氦等轻元素组成的行星上，生命的形成和发展是不可能的。在太阳系的生态圈的两边缘处，即金星和火星上，也没有人类这样的智慧生命，那么生命的存在需要哪些条件呢?

系外行星是指太阳系之外的行星，它们围绕各自的主恒星永不停歇地旋转。迄今为止，我们每年都会发现几十颗可能拥有有机化合物的系外行星。通过研究，我们在这些行星的大气中发现了水、甲烷和二氧化碳等物质，这些都是生命存在的重要条件，不过在茫茫的宇宙中，具备这些条件的星体数不胜数。

对比地球的条件我们不难看出，判断一个星球是否可能存在生命，这个星球与地球的相似指数是很重要的标准。要看这个星球的轨道是否在适宜居住的区域内，使水可以以液体的形式存在，水是生命存在必不可少的物质，只要有水就可能有生命存在。而且温度要在 -50 ~ 5℃范围内，还要处于稳定的宇宙环境中。因为生命的演化是要经历异常漫长的岁月的，如果星球所处的环境没有足够的"耐心"，是无法等到生命出现的那一天的。最后要看星球上是否有大气层，有了大气层，昼夜温差才不会相差很大，更有利于生命的出现。

不过，在地球上有那么一群微生物可以以火山喷发出的硫化物分子为能量来维持自身的生存，换句话说，它们"食用"这些硫化物就好比我们呼吸氧气。所以在系外行星上发现的任何硫化物分子都将有助于我们判断这个星球是否存在生命。地球上的"噬硫"生命会将硫化氢作为废物排出。我们通过研究发现，这些食谱奇特的微小生命使得地球大气层中硫化氢的含量比没有它们存在的行星上的硫化氢含量高出近 10 倍。考虑到星球之间遥远的距离，在一个星球上很难辨别出另一个星球表面究竟是水还是硫化氢。不过，我们可以计算出大气中的硫化氢的含量，因为大气中硫化氢越多，就会在空气中形成越多的纯净硫浮质。那么，这颗星球上有"噬硫者"的可能性也就越大。

9.2.3 远亲不如近邻——先从邻居查起

说起存在外星生命的星球，我们自然会从临近地球的各个星球开始想起，而我们对外星生命的探索也正是从这些“邻居”开始的。现在，让我们对这些“邻居”逐一推敲一番。

首先是金星（图9－1）。欧洲首个金星探测器——“金星快车”号探测器探测到金星上也是有臭氧层的，是目前已知的太阳系中第三个存在臭氧层的星体，但金星大气中存在浓厚的有毒气体，有巨大的温室效应，使得金星表面温度高达464℃，干旱程度是地球的10万倍，而大气压则差不多是地球的90倍。所以这里应该是不会有生命存在的，因为要在金星上这样恶劣的环境下生存实在是件太困难的事情。就目前我们所知的任何一种生命形式都是无法在此高温下生存的。

图9－1　金星

火星（图9－2）和木星“欧罗巴”卫星是最有可能存在生命的两个星球。红色的火星是太阳系中和地球最相似的行星，它和我们居住的星球如亲姐妹般有着相似的大小和温度环境。所以长期以来，火星一直都是外星生命探寻者追逐的目标。但是，火星上贫瘠干旱的土地让人们从致力于寻找火星怪人转向寻找简单的生命形态。尽管它看起来并不怎么舒适，但在遥远的地下很可能存在着液态水和一些有生命的物体。在火星的两极地区分布着大面积的水冰，这使得我们有足够的理由相信地表之下存在着液态水。虽然火星稀薄的大气层不足以抵挡致命的太阳光辐射。不过地表之下，还是可能生活着微生物的。有证据表明，火星过去的环境也许更适宜生命存在，火星曾经有一个更温暖、更潮湿的过去。干涸的河床、极地冰盖、火山和只有在水中才会形成的矿物质都已在火星上找到。

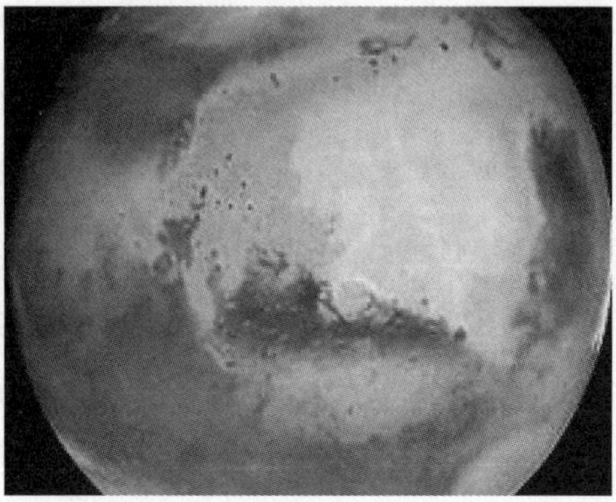

图9－2　火星

因为有水的存在和大量的火山的活动，木卫二（图9－3）也有希望成为外星人的故乡，尽管表面上看起来它是个冰冷的星球。事实上，它不仅仅可能是简单微生物的家园，也有可能存在复杂的生命。科学家们论证了数年后认为，在木卫二冰质表层之下隐藏着一个海洋，其中甚至含有氧气。在研究木卫二表面冰层是如何快速地补充后，美国亚利桑那大学科学家理查德·格林博格在2009年估算出，在地下海洋中含有足够的氧气来维持66亿磅（约合30亿千克）的微生命存在。在我们得意忘形之前，需要重点指出的是，现在仍然没有确切的证据证明木卫二冰面之下确实存在一个海洋。另外就是木卫二的湖泊和海洋的酸性过高，不利于细胞膜的发育，将很难出现大型有机高分子。不过，即使是在这样恶劣的环境中，一些所谓的“嗜酸细胞”也还是可以生存的。

图9-3 木卫二

还有我们最近探知的邻居——土卫二（图9-4）。据2012年的消息，土卫二或许也拥有着存在生命的条件。据探测得知，土卫二的个头在土星的所有卫星中排行第六，其表面几乎能反射100%的阳光。它拥有适宜的温度，而且存在水和简单的有机分子的可能性极大，所以是太阳系中最有希望孕育生命的地方。据科学家推测，土卫二冰冷的表面99%被水冰覆盖，地表之下存在液态水的概率也很大。并且土卫二的南极地区有超过90处不同大小的喷泉，不断向外喷射水汽、冰晶粒子和其他有机化合物。经探测发现，土卫二的轨道位于土星E环最稠密的部分，表明两者之间可能存在某种联系；尽管该卫星体积不大，但是在它的表面既存在古老的撞击坑构造，又存在较为年轻的、地质活动所造成的扭曲地形构造——其中一些地区的地质年代甚至只有1亿年。这似乎在告诉人们，这颗星球还很年轻而且具备生命存在的条件，或许现今还没有生命的迹象，但经历时间的流逝后或许会像地球一样孕育出丰富多样的生命。

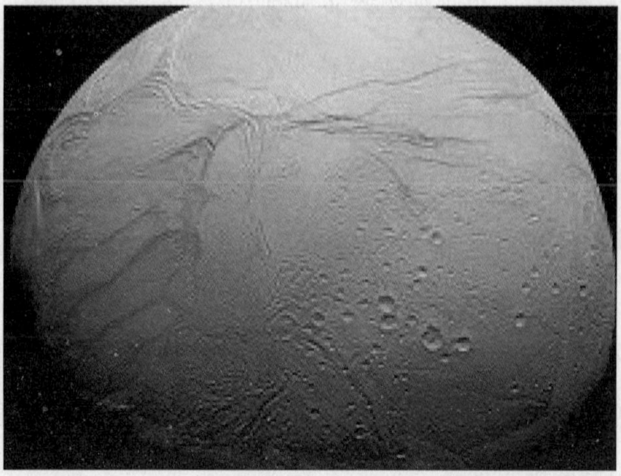

图9－4　土卫二

土卫六（图9－5）是土星最大的卫星，它很容易被联想到有生命存在，因为在土卫六厚厚的大气层中富含的化合物通常意味着活有机体的存在。土卫六的大气中充满了甲烷，甲烷在阳光的照射下是很容易分解的。在地球上，生命活动产生的甲烷会补充被阳光分解的部分，土卫六上的甲烷同样有可能是由生命活动产生的。

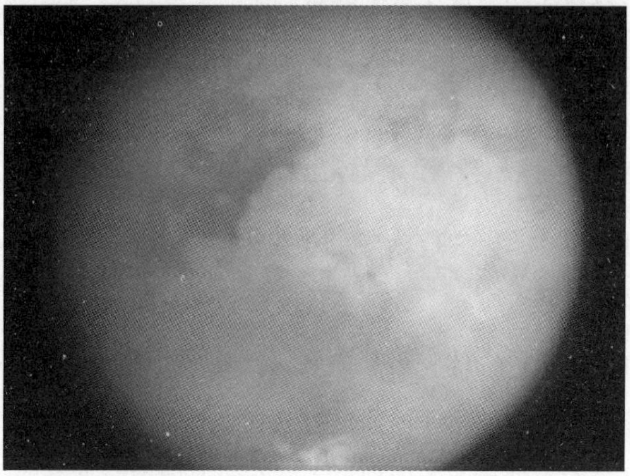

图9－5　土卫六

9.2.4 那些天外飞仙——陨石

说完我们的这些邻居，再来讲讲地球上的天外来客——陨石。到目前为止，共有22 000份关于地球上发现的陨石的文字记载。在这些陨石中，很多都被发现含有有机化合物。1996年，科学家宣称，在一颗发现于南极地区的火星陨石中发现了微化石的有力证据。这一证据表明在大约36亿年前的火星上可能存在生命。经过长年的激烈辩论，这颗火星陨石中是否含有生命物质仍未有定论。如果这一说法是真实的，那它将对“有生源说”提供有力的支持。“有生源说”从字面上看，是指“种子遍地都有”，这种理论认为生命是来自于外层空间的，行星间交换的生命在这里指的是细菌，这类细菌能够在极其恶劣的环境中生存、冬眠。所以生命可能存在于另一颗行星上，或许就是在火星上。它通过某种途径来到地球上，并不是起源于地球。

讲完这些地球上或邻近地球的外星生命可能存在处后，让我们放长眼光眺望一下之前提到的系外行星。宇宙中可能存在着数以十亿计的宜居天体。我们在过去的十年中对外部世界进行探索，每年都会发现十几颗可能拥有有机化合物的系外行星。例如，在“HD 209458b”系外行星的大气中，发现了水、甲烷、二氧化碳等物质的存在，这些都是生命存在的关键。当然，这些还都只是沧海一粟，其他可能支撑生命存活的天体还数不胜数。

2005年，一个由世界各国天文学家组成的研究小组发现，濒死的红巨星（图9-6）可能可以像去纤颤器一样，让冰质的行星起死回生。科学家们相信，这种重生也可能会导致生命存在的新环境的形成。地球之所以如此适宜生命的生存是因为它所处的位置，因为地球与太阳的距离不远也不近。太近了，地球上的水将会被太阳的热度蒸发一空；太远了，地球又会被冻结成冰球。在恒星死亡之前会爆发进入红巨星阶段，体积迅速膨胀，释放出更多可以让行星升温的辐射。如果来自红巨星的辐射能够将一度冰封的卫星或系外行星解冻，行星上的冰层融化成液态水，从而在流动的海洋中就可为生命的形成搭建平台。

最近，在银河系中的一个恒星的生成区，科学家发现其拥有被找到地外生命的潜能。2010年5月，“赫歇尔”空间天文台宣称，距地球大约1 500光年的猎

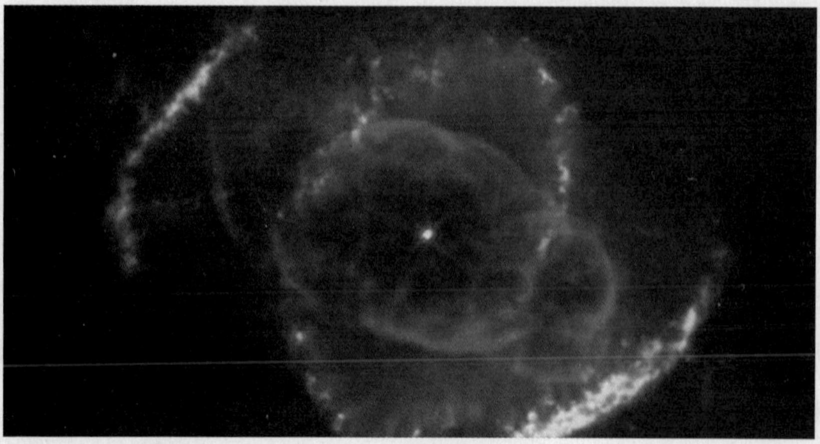

图9-6 衰亡的红巨星

户星云（图9-7）表现出了拥有生命存在的有机化学物质的迹象。通过对用天文望远镜观测到的数据进行分析，天文学家们能够检测出维持生命存在的各种物质分子的信号，如水、一氧化碳、甲醛、二甲醚、甲醇、氰化氢、氧化硫等。

图9-7 猎户星云

宇宙是一个不可思议的大空间，充满了各类行星、恒星、星云、星系、气体和尘埃。我们人类永远无法探索其全部。或许确实有其他外星生命的存在，但它们处于宇宙的某一处，我们也许根本没有能力找到它们。此外，我们或许应该重新思考一下，我们对外星生命的探索是否太过狭隘？我们似乎一直都只是在寻找跟地球生命类似的生命。而我们所知道的生命，是由氨基酸和 DNA 组成的，这些生命需要有水才能存活。

但是，著名的天体物理学家斯蒂芬·霍金则认为，宇宙中可能真有系外生命存在，不过我们无法想象得到，也许它并不是碳基生命。如果真是这样，我们有可能无意中已经找到了生命，但错过了它们，因为我们一直是以地球生命的标准在寻找外星生命。不管怎么说，寻找地外生命的历程仍将继续。从现今我们所了解探知到的信息来看，我们有理由相信外星生命的存在。宇宙中大大小小类似地球的星球不计其数，有足以媲美人类的高等智慧生物的存在也不是不可能。

正如卡尔·萨根所言："宇宙很大，比我们每个人的想象都要大，如果只有我们，不是有点太浪费空间了吗？"当然，我们所说的外星生命不仅包括长相怪异的外星人，也包括所有有生命特征的物质，因为生命总是在进化的，或许哪天我们在某个星球上发现的微小生命物质，经过长期的演化，真就进化出存在于我们想象中的外星人了。只是，希望当我们找到它们时，它们是友好的。

21世纪，生命科学不仅要揭示其基本原理，探索新技术，而且还要进行多学科的交叉和渗透，并广泛地运用生命科学的原理和方法去解决当今人类面临的食品、人口、健康、资源、生态、环境、能源、信息和材料等问题。首先，为了人类生命的健康，生命科学的主题逐渐发生了改变，近年来医学的实践表明，虽然生命科学已经深入到分子、亚分子层次，虽然人类全基因组测序已经完成，蛋白质组学、结构生物学、基因工程药物和基因治疗技术正迅速发展。但是，离现代社会流行病的预防、控制、诊断、治疗等问题的解决，尚有很大差距。这就意味着现代医学模式也会发生相应的变革。其次，人类生存环境的恶化成为世界各国共同关注的问题。追求片面的经济增长使人类尝到了环境恶化带来的苦果，人类必须对自身的经济活动做出调整，以便在人化自然中寻求新的平衡。再次，由于世界人口和资源的严峻情况，迫使人类把利用资源的范围扩大到世代繁衍生息的地球以外，空间生命科学即将应运而生。空间生命科学的主要任务是研究在空间特殊环境条件下生命活动的基本规律，从而产生了空间植物学、空间动物学、空间微生物学、空间生理学和航天生命科学等。

从某种意义上来讲，生命科学的发展直接影响着人类的生存模式，也直接影响着科技与人和谐发展新模式的构建，同时，也将会在促进自然科学发展、社会经济协调发展、知识创新和精神文明建设中发挥越来越大的作用。

结 语

丰富多彩的生命世界引领我们跨越亿万年的时空，去追溯生命的起源。借助越来越先进的科学技术手段，捕捉生命在行进途中留下的痕迹，还原生命成长的轨迹，我们看到了生命从无到有、从简单到复杂，艰辛曲折走到今天的幸运与不易。

回顾生命的历程，我们不仅看到了生命的昨天，还看到了生命的今天甚至还有明天。对于生命的研究与探索，人类从没有停止过脚步，19 世纪以来，生命科学更是充满活力，获得了前所未有的发展。

在 1838 年和 1839 年，德国的施莱登和施旺分别通过对植物和动物细胞的研究，提出了细胞学说，揭示了一切生物的基本构造单位是细胞。1859 年，英国科学家达尔文出版巨著《物种起源》，提出了进化论学说，认为生物是由低级向高级不断进化的。生物的变异和自然选择是推动生物进化的根本原因。孟德尔发现了生物性状遗传的两个基本定律，即分离定律和自由组合定律，开始了遗传学的研究。

20 世纪初，摩尔根进一步提出了基因定位于染色体上，开辟了一条遗传学和细胞学紧密结合的研究道路。1953 年，沃森和克里克的论文《核酸的分子结构——脱氧核糖核酸的结构》揭示了 DNA 的双螺旋结构，表明了遗传物质的一种可能的复制机制，揭示了生命的奥秘。2000 年，人类基因组计划工作框架图胜利完成。2001 年，科学家又发现 RNA 的多才多艺，它不仅是遗传物质的信使，还能执行其他工作。2005 年，有关人类进化的研究在基因层次方面取得重要进展。2007 年，“基因靶向”技术的发展与应用在阐明人类疾病的发生机制方面发挥了至关重要的作用。2008 年，癌症治疗研究获重大进展，癌症基因名单的扩充使人们在基因方面对癌症的治疗提出了新的思路。端粒和端粒酶的作用被发现，它揭开了人类衰老和癌症等疾病的奥秘，有助于新的治疗方法的发展，同年科学家构筑了显示不同的抗生素是如何抑制核糖体功能的三维结构模型，对于研发新的抗生素，直接帮助减轻人类的病痛，拯救生命起到了积极的推动作用。围绕着人类疾病和健康问题进行的生命科学的探索越来越受到重视。

对生命的研究与探索，让我们了解了生命的本质、规律，生命不再充满玄机。我们拥有了一扇窗去窥视个体生命这复杂而又精密的结构是如何组成而又高效运作的，个体生命是如何获取力量生存而又最终走向消亡的，又为何能生生不息，繁衍至今，演绎着生命的短暂与永恒。对于生命的研究与探索，让人类憧憬更加光明的未来：生存时间的延长，生存质量的改善。

科学技术的发展，人类活动的频繁与活跃，创造了丰富的社会财富，极大地改变了生物的生存环境。地球经过几十亿年的沧桑巨变，孕育了生命，生命从无到有经过不断的进化，才形成了今天物种丰富、繁荣绚丽的生物圈。生物与生物、生物与环境联系紧密，互相依存又互相制约，形成一个有机整体，使自然生态和食物链保持着动态平衡和稳定。1968 年，雷蒙德提出了“生物多样性”的概念，20 世纪 80 年代，“生物多样性”得到了广泛传播与使用。越来越多的人认识到“生物多样性”的价值。但近百年来，人类在前行的途中高歌猛进，自身发展的同时衍生了一系列的问题：环境污染、气候变化、土地荒漠化、生物资源的过度开发等，导致许多物种灭绝或濒临灭绝，生物多样性严重减退。地球生物的生存环境、生态平衡正遭受除了“天灾”还有“人祸”的严重威胁。人类也是地球生物大家庭中的一员，覆巢之下焉有完卵？保护生物多样性已刻不容缓。1992 年，在联合国环境与发展大会上，153 个国家签署了《生物多样性公约》。1994 年，12 月 29 日（2001 年改为 5 月 22 日）被定为“国际生物多样性日”。当时，联合国秘书长安南曾在生物多样性国际会议上指出，生物多样性是人类生命支柱之一，对稳定气候和恢复土壤起着重要作用，是人类实现可持续发展的重要保障。而今天还有很多人对生物多样性概念存在误解，还没有认识到这是一个事关人类生活质量和发展质量的重要概念。保护生物多样性不仅是政府的责任，也是国际机构、非政府组织、私营企业乃至所有人的责任，基层社区积极参与尤其重要。

人类曾想以人力模拟缔造一个生存空间。美国根据生物圈的结构和功能，建造了完全封闭的生态实验基地“生物圈Ⅱ号”，经过充分的准备，实验者进驻其中，但后来实验以失败告终。人类也曾想在地球之外寻觅生存的空间。当我们放眼外太空追逐外星生命的时候，我们才知道生命怎可随处栖居，适宜生存的空间如此难得，怎样的机缘巧合才有了地球这个生命宜居的家园啊！

历经数百年的探索，集结历代科学家的科研成果，如今的我们对生命世界已有了相当深刻的认识。但是，生命世界是如此的丰富多彩，人类对于生命的探索更是仅仅处在初级阶段，仍有许多未知的领域等待人们的探索、完善。

我们研究生命，将其系统地分类，深入了解生命的本质，在分子水平上改造生命，使其按照我们所希望的方向改变，从而改善我们的生活，促进人类社会的发展。但是，生命的探索之路是无穷无尽的，这里仍有许多关于生命的未解之谜等待人们的发掘。

未来可以肯定，生命科学将成为自然学科的带头学科，生物技术将不断与其他高新技术融合；生物芯片、生物能源、生物信息等高科技发展前景广阔；信息技术和新材料（如纳米材料、生物材料、高分子材料、电子技术材料等）会继续成为人类文明的基石；能源科学会向着低能耗、可持续、可再生、环保方向发展；海洋科学和宇航科学的探索也会随着材料科学的发展有更深入的发现。总体来说，人类未来的发展是一个“连锁反应”。各个学科之间相互激发，相互渗透，相互融合，又相互制约，最终达到一种和谐发展，共同促进人类生命科学的进步。

人们已经逐渐意识到在我们生存的环境中已有许多不利的因素，比如说粮食危机、温室效应、人口问题、资源问题等，这些问题都是在我们人类迅速发展中伴随产生的问题，也是急需我们解决的问题。这些问题的解决不能仅仅依靠某些人或者是某些国家，必须要靠全世界的国家和人类共同努力。唯有这样，我们赖以生存的地球这个家园才有可能得到喘息和恢复。

回顾生命的历程，研究生命的组成、延续与发展，探寻生命活动的本质、规律，系统地给生物分类，让我们更加深入地了解生命，生命与生命的关系，生命与环境的关系，警醒我们珍爱生命，珍惜生物的多样性。在地球这个生物的大家园中，人类不能只享受“特权”，而应承担起更多的责任！

参考文献

[1] 赵景联. 环境生物化学. 北京：化学工业出版社，2007.

[2] 董晓燕. 生物化学. 北京：高等教育出版社，2010.

[3] 吴相钰，陈阅增. 普通生物学. 北京：高等教育出版社，2005.

[4] 沈同，王镜岩. 生物化学. 2 版. 北京：高等教育出版社，2002.

[5] 乐杰. 妇产科学. 5 版. 北京：人民卫生出版社，2002.

[6] 朱士恩. 动物生殖生理学. 北京：中国农业出版社，2006.

[7] 朱大年. 生理学. 7 版. 北京：人民卫生出版社，2008.

[8] 龚岩. 生命的认识和定义. http：//www. bjkp. gov cn，2004 - 04 - 29.

[9] 范德赫拉夫 KM，沃德里斯 R. 人体解剖与生理学. 2 版. 高秀来，张茂先等，译. 北京：科学出版社，2002.

后 记

关于生命，仍有许多未知、未解的谜题。

生命不息，探索不止。一些已被发现的秘密等待人们去将它们完全理清，那些未被发觉的在默默等待着我们的探索。

让我们继续生命的历程，探索生命的奥秘，感受自然的神奇，惊叹宇宙的无垠。希望在解开心中有关生命的疑惑的过程中，发现更多不为人们所知的生命奇迹，在探索中丰富，在感悟中成长。

本卷在编写过程中，编委苏丽（郑州市第三人民医院）、张书馨（中南林业科技大学）、靖志安（河南康鑫生物技术有限公司）、董倩倩（郑州大学）、李园（郑州大学）付出了巨大的心血；在资料搜集和写作过程中得到杜启艳、林胜利、何婷、张亚楠、黄翠、刘迪、白巍等的支持和帮助，在此深表感谢。